油&ME

当世博邂逅石油
引发的那些事儿

韩李 北时 暖阳
编著

印刷工业出版社

2010年上海世博会，石油馆创下了等待时间超过12.5小时的奇迹。

人们为什么愿意花12.5小时等待看石油馆，

是因为石油馆以"说人话"的方式震撼心灵；

你为什么会看这本书，

是因为你不仅会了解石油馆为什么和怎样说人话，

更会因此懂得生命、生活与生存。

《油&ME》

当世博邂逅石油引发的那些事儿

目 录 CONTENTS

第一章 | 当上海遇见世博

第二章 | 12.5小时的等候

第五章｜黑金生存法则

第一章
当上海遇见世博

Chapter1

第一节 | 两千八百零一夜

我不知道永远有多远，但是，你让我幸福流泪的那一刻，
就是我的永远。

2002年 12月13日…… 上海的凌晨

　　时光总是过得这么匆匆，那一刻如在昨天，却已是八年之遥。

　　还记得，八年前的我们，年轻、激情，充满理想，整日高谈阔论。"申博"的夜，许多和我们一样激情的人们聚在上海淮海路一个叫无名的小酒吧外，至凌晨仍不归。当成功的喜讯终于从遥远的蒙特卡洛传来，当屏幕上响起了同胞的欢呼声，所有人激动地抱在一起，欢呼雀跃，流下幸福的眼泪。激动，兴奋，这个让人沸腾的"世博"对于我们，对于这座城市，对于中国，对于接下来的两千八百多个日夜到底意味着什么，其实，我们知之甚少。

　　那时候的理想是将来用脚丈量世博园，那时候觉得八年好长，怀揣的每一个小梦想都有足够的时间成长。

　　后来，经过很多事，走过很多路，当初莫名的兴奋变成沉重的责任，空洞的高谈阔论变成行动的脚踏实地。1.8万户老上海迁出，10余万建设者涌进来；江南造船厂、上钢三厂、南市发电厂等270个厂房倒下去，246个国家和机构的世博馆拔地而起……时光像一个

长着翅膀的淘气小孩，呼啦啦地飞过你我，飞跃黄浦江畔的百年兴衰，突然就迎来又送走了一直说着说着总觉得还很远的奥运，然后，这世博也猝不及防地临近了。八个年头，从莫名激情到埋头苦干，从很兴奋到心存疑惑，顾不上自己和全国13亿人的情绪，世博如期而至。

面对世博园蜂拥而至的观者和他们执著排队的长龙，惊喜、振奋、自豪，所有的情绪五味杂陈，一时竟然不知道从何处表达。

上海，用八个年头，两千八百多个日夜分秒必争的浇灌，在黄浦江畔的周家渡，盛开了一朵惊艳的世博花。这份惊艳，不仅隔着流转时光，隔着我们的记忆，还隔着几代人的追逐和一个发展中大国历经岁月沧桑的打磨与蜕变。

历史上的中国人和世博

世博会迄今已有150余年的历史了。

中国人追逐世博的脚步也横跨了百年之久。

1851年的英国伦敦万国工业产品博览会被公认是世界上第一个现代意义上的世界博览会。中国上海的商人徐荣村以自己的"荣记湖丝"参展，尽管没有记入史册，但它证明了中国开明人士对世博会的关注。

1867年，巴黎世博会。广东书生王韬远涉重洋到达法国马赛，成为有史书记载的看世博的中国第一人。当时，清政府首次受邀参加法国巴黎世博会，但是"轻商"的观念使清政府对此未加理会。结果，因上书太平天国被清政府认定为"通敌"而避居海外的王韬却有幸以游客的身份亲历了这届世博会，他后来成为清末洋务运动的先驱者之一。

1873年，清朝政府第一次以官方的名义组织并派代表出席了奥地利维也纳世博会。中国的参加方式也是赛奇会本身的一奇。因为代表中国人的是一个叫包腊（EoCoBowra)的英国人。派他代表中国参加赛奇会的，既不是朝廷，也不是某一个朝廷大员，而是当时清朝的总税务司——英国人赫德。在1840年以后，中国的海关和外贸都交由外国人代办了。赫德为了扩大中国和外国的商业联系，以图取更大的利润，便派包腊代表中国参加赛奇会。

1876年，中国第一次派出了本国代表参展美国费城世博会，随团参展的商人李圭根据经历写下了《环游地球新录》。

1904年，美国圣路易斯世博会。清政府派出了由亲王溥伦带队的政府代表团参加这次世博会，并花巨资修建了具有浓郁民族风格的中国村和中国展馆，新洋灰公司的马牌洋灰获得了该届世博会的金奖。

此后，中国陆续参加了多届世博会。通过世博会展现自我，走向世界，发现世界。

世博会究竟是一个什么样的"会"

世界博览会，又称国际博览会，简称世博会。

英文World Exhibition or Exposition 简称World Expo。

世博会通常由一个国家的政府主办，多个国家或国际组织参加，以展现人类在社会经济和文化科技领域取得的成就为主题的国际性大型展览会，它同奥运会和世界杯一起被认为是全球三大顶级盛事。

世博会起源于中世纪欧洲商人的定期集市。

世博会的类型

注册类世博会：展期通常为6个月，自2000年起每5年举办一次，是全球最高级别的博览会。2010年上海世博会是第40届注册类世博会。

认可类世博会：展期通常为3个月。分为A1、A2、B1、B2四个级别。A1是认可类世博会的最高级别。1999年昆明世界园艺博览会属于A1级别的认可类世博会。

世博时间轴

世博
时间轴　时间地
点主题

1982　美国诺克斯维尔
能源－世界的原动力

1975　日本冲绳
海洋－充满希望的未来

1984　美国新奥尔良
河流的世界－水乃生命之源

2010　中国上海
城市，让生活更美好

1974　美国斯波坎
无污染的进步

1985　日本筑波
居住与环境－人类家居科技

1937　法国 巴黎
现代世界的艺术和技术

1939　美国旧金山
明日新世界

2005　日本爱知县
超越发展：大自然智
慧的再发现

1970　日本大阪
人类的进步与和谐

1935　比利时布鲁塞尔
通过竞争获取和平

1986　加拿大温哥华
交通与运输

1958　比利时布鲁塞尔
科学、文明和人性

2000　德国汉诺威
人类－自然－科技
－发展

1968　美国圣安东尼奥
美洲大陆的文化交流

1933　美国芝加哥
一个世纪的进步

1988　澳大利亚布里斯班
科技时代的休闲生活

1962　美国西雅图
太空时代的人类

1990　日本大阪
人类与自然

1999　中国云南
人与自然－迈向21世纪

1967　加拿大蒙特利尔
人类与世界

1964　美国纽约
通过理解走向和平

1992　西班牙塞维利来
发现的时代

1998　葡萄牙里斯本
海洋－未来的财富

1992　意大利热那亚
哥伦布－船与海

1993　韩国大田
新的起飞之路

Better

第二节 | 人在城里，城在心中

急匆匆的城市，别走得太快，等等灵魂。
世界的美好不在于它本身，而在于人心的满足！

城市，
让生活
更美好

Better city , better life

better life

　　莎士比亚曾说，"城市即人"。有人的地方才有城市，早期的城市只不过是人类原始定居的散落据点，后来添了房，修了路，吃穿行的需求慢慢得到满足，人越来越多，城市就逐步有了规模，有了制度和结构。然而，城市的主角从来都是人。

　　人类制造了城市的概念，初衷是为了群居的亲密感，为了效率，为了分享，后来才上升到国家概念，文化形态与文明传承。但是，城市的话题最终都离不开人和人的生活。

　　百年世博会的主题，经历了从人与生活、人与自然、人与社会的主体的变迁。到2010年上海世博会的主题——"城市，让生活更美好"，回归到城市概念，回归到人与生活，是历史的必然。

　　在城市化大发展的过程中，我们走得太急，迷失在钢筋水泥、摩天大厦、灯红酒绿里，常常忽略了城市的本质，忽略了我们奋斗的初衷：不是为了城市更现代，而是为了生活更便捷；不是为了城市的表面繁荣，而是为了生活更加美好。

　　高效率、快节奏、污染严重、压力重叠只是城市最无奈、最脆弱的一面。

　　城市还有很多面：山水清秀、生活质朴。

City ,

城市可以因简单而美好：世博园古印度馆有一条"时光隧道"，你可以穿梭回到3000年前的古朴印度，邦摩亨乔达罗和哈拉帕古城充满着令人向往的质朴和纯粹。

城市可以因精巧而被铭记：位于圣城麦加陡峭的山谷里的"帐篷城米纳"，是世界上最大的帐篷城，聪明的麦加人在4平方千米的单位里创造了300万人口居住的和谐。

城市可以因宜居而闻名：就像都市桃花源的温哥华和走在零碳前沿的伦敦……

在上海世博园，有一片城市最佳实践区，全世界人民用不同的故事情节演绎着各种理想之城的形态和城市之上的地球、人、生命、足迹以及未来。

无论这些城市近在咫尺、远在天边，还是出现在梦里，都是需要被精心呵护的生命体，承载我们美好生活的根基。

人在城里，城在我们心中。

世博会主题变迁的三阶段

第一阶段：1851~1933年

无主题，展示工业成就，展示人类征服自然、利用自然的自我陶醉。

第二阶段：1935~1970年

开始设立主题，关注人类福祉，关注人类对于人与人、国与国正常关系的自我反省。

第三阶段：1974年至今

世博会的主题从关注人类成就和福祉转向探索人与自然的和谐关系以及如何保证人类社会可持续发展，翻开人与环保的新一页。1974年斯波坎世博会的主题就被鲜明地确定为"无污染的进步"。随后，1982年诺克斯维尔世博会、1984年新奥尔良世博会以及1985年的筑波世博会等，都先后触及了能源、水、人居环境等主题，它们都直接或间接地与"应对气候变化"有关。2000年的汉诺威世博会不仅将"人类、自然、科技"三者并举，而且为"可持续发展"的理念在世界范围内的传播奠定了基础。2010年，中国上海世博会，同样是以"绿色""低碳"为目标，围绕"城市，让生活更美好"的主题，来自世界各地的参展国竞相展示各具特色的环保理念和对全新生活的憧憬。

当上海
遇见世博

世博把上海再次推到了潮流之上。

上海滩在20世纪前期的黄金岁月里，是地球上除纽约之外最为开放的大都市。万千宠爱于一身，英、法、俄等五十多个国家的无数冒险者到此淘金、寻梦。

新中国刚开放的那几年，上海像中国大家庭的长子，因为经济的担子挑得重了些，吃了一些苦。

才一代人的工夫，沾了黄浦江的灵气，上海又活到了辉煌里，苏州河热热烈烈，外滩红尘滚滚。

才一代人的工夫，上海就找回了当年大小姐的地位，天生丽质，顾盼生辉，但是脾气是不大好的，奢侈又爱挑剔。直到这个大小姐遇见梦中情人——世界博览会。

如果说北京和上海是两个风格迥异的城市，主要是说人。北京人是热情的、感性的，天下兴亡匹夫有责；上海人是理智的、精明的，最关心的是把自己的日子过好。

当上海遇见世博，史无前例地，目空一切的上海大小姐卸下那一脸浓妆的骄傲，不光想帮帮世博的忙，沾沾世博的光，还想大声吆喝，把世博的标签贴脸上，当把名副其实的主人。

比任何一个盛大节日都隆重，上海人热切地欢呼着世博的到来。这份热情从世博前，进行到世博中，再延续到世博后，铺天盖地的宣传，街头巷尾到处可见志愿市民和世博人家，全上海人的眼光从陆家嘴转移到周家渡。全上海的谈资是世博，世博，还是世博。

上海人这股热情劲儿，委实不常见。

因为世博，上海人包容了，人来人往都是客，远方的客人请为世博留下来。

因为世博，上海人谦虚了，就在自家搭起的舞台，看到了世界之大的精彩。

因为世博，上海人也更神气了，因为这世博不仅是世界的标签，中国的标签，更是上海的标签。

因为这标签，2010年，关于上海的记忆变成一个永恒。

你永远不知道自己是否了解她，好像总能在她身上发现新的亮点，他是为人耳熟能详的上海，又是不为人知的陌生的上海，每个人都能在她身上，找到独属于自己的隐秘天堂。

——摘自《上海角落里的天堂》

上海城市宣言节选

……

和谐城市，应该是建立在可持续发展基础之上的合理有序、自我更新、充满活力的城市生命体；和谐城市，应该是生态环境友好、经济集约高效、社会公平和睦的城市综合体。我们相信，这样的和谐城市是实现"城市，让生活更美好"的有效途径。为此，我们共同倡议：创造面向未来的生态文明城市应尊重自然，优化生态环境，加强综合治理，促进发展方式转变；推广可再生能源利用，建设低碳的生态城市；大力倡导资源节约、环境友好的生产和生活方式，共同创造人与环境和谐相处的生态文明。追求包容协调的增长方式城市应统筹经济和社会的均衡发展，注重公平与效率的良性互动，创造权利共享、机会均等和公平竞争的制度环境，努力缩小收入差距，使每个居民都能分享城市经济发展成果，充分实现个体成长。

城市语录：

1.我们走出阴暗的黑夜，跨出油灯摇曳的茅草房，坐上破旧不堪的火车，奔向梦幻中灯光闪烁的大都市。

　　　　　　　　　　　　　　　—— 镌刻在上海世博会波兰馆墙上的小诗

2.人一生中有两样东西是永远不能忘却的，这就是母亲的面孔和城市的面貌。

　　　　　　　　　　　　　　　——土耳其诗人纳乔姆•希格梅

3.我依附于这个城市，只因她造就了今天的我。

　　　　　　　　　　　　　　　——帕慕克

4.田野与树木没有给我一点教益，而城市的人们却赐给我颇多的教益。

　　　　　　　　　　　　　　　——苏格拉底

5.你要想出名而不愿了解世界，就居住在乡村；你要想了解世界而不为人知，那就居住在城市。

　　　　　　　　　　　　　　　——科尔顿

6.出生在一座著名的城市里，这是一个人幸福的首要的条件。

　　　　　　　　　　　　　　　——欧里庇得斯

7.所有的城市都是疯狂的，然而是华丽的疯狂。所有城市都是美丽的，然而是冷酷的美丽。

　　　　　　　　　　　　　　　——克•达•莫利

唱一首关于城市的歌

世博主题曲 《城市》

演唱者：成 龙

天空是星儿的家　　　　星空呼吸的回荡
爱不离的乡　　　　　　穿越梦的天堂
闪耀光明唤月亮　　　　生命爱光芒
远(和)近的丈量　　　　心灵，城市
星儿是天空的海　　　　明月升起的向往
爱点燃的洋　　　　　　越过云的围墙
黑暗也不迷方向　　　　希望是力量
追逐天文想象　　　　　心灵是城市的星光
苍之穹　　　　　　　　城市是心灵的胸膛
星空孕育阳光　　　　　……
爱的岸
天际落入海洋
心之上
没有阻隔的墙
梦翅膀
万种语言理想
心灵，城市

第三节｜一馆一世界

人生只有学会不断总结，
眼睛看到的风景才能变成心灵的风景
向后看，风景更美

复活的清明上河图

这一抹惊艳的中国红，像一枚偌大的篆体国印，盖出东道主场馆的大气。

她的外形层层相叠，像向上伸展的倒金字塔，又像是夏商青铜时代的斗拱造型，诉说着东方之冠、鼎盛中华。她的红在白昼不同阳光照射和夜间灯光投射及不同视觉高度条件下，呈现出立体的七彩红妆，坚固而空灵。

她的精髓是放大了几百倍的"清明上河图"，原画里的人和生物都得以复活：集市上，商贩吆喝沽酒；小河中，文人在船上吟诗作对；推车人走入画面，甚至还可听到车轮的嘎吱声。长长的画卷，六百多个人物和场景都在动，一天的晨昏变化也交织在灯光变幻里，如瞬间穿越了时光隧道，来到了宋代的汴京街市生活。

汴京与上海，构成了中国古代大都市与现代大都市的双面绣。

国家档案
中华人民共和国　面积：960万平方公里　人口：13.2129亿　首都：北京。

中国参加的12次世博会：

1982年美国诺克斯维尔"能源"世博会；

1984年美国新奥尔良"水源"世博会；

1985年日本筑波"科技"世博会；

1986年加拿大温哥华"交通与运输"世博会；

1988年澳大利亚布里斯班"科技时代的休闲生活"世博会；

1992年意大利热那亚"船与海"世博会；

1992年西班牙塞维利亚"发现的时代"世博会；

1993年韩国大田"新的起飞之路"世博会；

1998年葡萄牙里斯本"海洋——未来的财富"世博会；

2000年德国"人类—自然—技术世博会"；

2005年日本爱知县"自然的睿智世博会"；

2010年中国上海"城市，让生活更美好"世博会。

6万颗的种子

英国馆像一个会发光的盒子，其蒲公英疏疏落落的造型被游客们形象地比喻为：一张打开的包装纸。她还有一个名字叫种子圣殿，"圣殿"里没有神像，而是6万颗形态各异的种子装进6万根亚克力杆里。6万根亚克力杆在六层楼高的立方体结构中，以相同的方式聚集，伸向各个方向，中部固定，两端能随风摇曳。当黄浦江畔起风的时候，种子殿堂就会像一个活的生物体。

设计师汤马斯说，世界上没有一种东西比种子更单纯。这6万颗种子可以充分体现生物的多样性，让人敬畏，从而引发更多的思考。如此多的种子告诉我们，人类生活的各个领域，几乎不能没有种子存在。食物、饮料、药品、新材料、纺织……无所不在。种子所蕴含的自然潜力无穷无尽。

不少亚克力杆里面的种子能活很长时间，而且是世界上为数不多的奇异种子。汤马斯说，再过几百年，当人们想起了它们，那就把它们拿出来种在地里就是了。

国家档案：

UK 大不列颠及北爱尔兰联合王国 面积：24.41万平方公里 人口：约6094.4万
办世博次数：一次。是世博会的发起国和第一次举办国。

资料卡 Data card ▶

辉煌和污浊：伦敦第一届世博会

完成了工业革命的英国已经是世界上一流的强国，没有人怀疑英国的强大，为炫耀其强大国力，英国女王的老公提出了万国工业大博览会的想法，邀请欧美各国参展，期间进行各国展品评比活动，但不直接进行交易，它被确认为首届真正意义上的世博会。

1851年5月1日，第一届世界博览会在伦敦市中心的海德公园内热烈开幕了，在占地9.6万平方米的展区中，展览用的桌子总长约有13公里，在23个星期的展览期间，有630万人进行了参观。14000件展出品中包括了一块24吨重的煤块，一颗来自印度的大金钢钻，还有一头标本大象，而引擎、水力印刷机、纺织机械则向参观者展示了现代工业的发展和人类焕发出的无限想象力。

在当天的日记中女王写道："我感到无比激动……是那么神奇，多么浩大，多么辉煌，多么震撼人心……那天我的心中充满虔诚——很难有其他仪式可以让人有如此的感受。"

兴奋的人们在水晶宫内尽情目睹那个时代的骄傲，自然也就不会留意工业文明使泰晤士河逐渐浓厚的污浊。后来的英国，为清除泰晤士河的污浊，花了近一个世纪的时间。

幸福，童话
和小美人鱼

"在海的远处，水是那么蓝，像最美丽的矢车菊的花瓣，同时又是那么清，像最明亮的玻璃……海底的人就住在这下面。"1836年，安徒生写下了《海的女儿》，小美人鱼的故事从此家喻户晓。

提起地处偏远北欧的丹麦，我们最初的印象是来自安徒生童话里的种种记载。走进丹麦馆，仿佛走进一本打开的童话书，栩栩如生地展示了丹麦人的生活故事。传说中的小美人鱼也从童话里现身，带着来自哥本哈根的海水一起远道而来。

作为丹麦国宝级的小美人鱼已经97岁了，近百年来，她从未离开过哥本哈根港口，被誉为丹麦人民勇敢和浪漫情节的守护神。这一次，因为上海世博，小美人鱼第一次离开家乡，并在异国他乡度过了她的97岁生日。除了小美人鱼的亲临，丹麦人还把自己城市的生活搬到了展馆。你可以骑着自行车在环形轨道上穿梭，也可以在广场外围的草坪上BBQ（烧烤），带孩子在游乐场玩耍，或者到位于底层的迷你海滨戏水。

幸福和童话，丹麦生活的真实写照。

国家档案
DENMARK 丹麦 面积：43096平方公里 人口：约547.6万 没举办过世博会。
上海世博会丹麦馆总投入达1.5亿丹麦克朗（约合2800万美元），也是丹麦参展世博会历史上投入和规模最大的一次。

自行车国度丹麦

丹麦500多万人口的国度竟然拥有420万辆自行车。在哥本哈根，平时人们出行，三分之一骑自行车，三分之一选择公共交通，其余三分之一开私家车。政府专门为城市居民修建了自行车道，环保且运动的自行车已是大众理想的交通工具。骑自行车，也成为丹麦人时尚的生活方式。

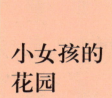

每个女孩心中都藏着一个花园。

这是美国馆展示的都市童话：一个小女孩在一片堆满废墟的角落种下了一枝花，但"花"很快就被路人踩死了。小女孩锲而不舍，一次次种花，被感动的邻居们加入到美化家园的行动中来。一场暴风雨袭来，鲜花遍地凋零……雨过天晴，小女孩惊奇地发现，更多的人加入到了种花行动……这一幕的结尾，在乐观、创新和合作精神的指导下，曾经破败的城市呈现出魔幻般的景象。

花园的故事被投射在五个"城市大厦"上。这是由五个超大屏幕组成，每块屏幕有30多英尺高，在屏幕上投射不同的图像和图形，就能显现出大厦、窗户、公共汽车站、传统电影银幕或者您可以想象到的任何事物。风和雨等四维效果增添感官的维度，使观众沉浸在惊奇的情感和视觉体验中。

国家档案

USA 美利坚合众国 面积：962.9091万平方公里
人口：3.05亿 美国已经举办过14次世博会，有世博专业户之称。

资料卡｜Data card▶

小女孩的花园

美国历史上最重要的世博会

美国历史上最重要的世博会是1933年举办的芝加哥世博会。作为首次确立主题的世博会，它见证了美国乃至世界经济从大萧条走向复苏的巨大转折。在美国历史上，1933年是重要一年，这一年正是美国经济处于大萧条的严峻时期。当时，自1929年纽约股市崩盘以来，美国倒闭的银行已超过5500家。在美国国内，1500万人失业，失业率高达25%。芝加哥世博会汇聚的众多企业馆及其文明成果，极大地增强了美国人走出危机的信心。此外，展馆多为临时性建筑，闭幕后即拆掉。

会呼吸的蚕宝宝

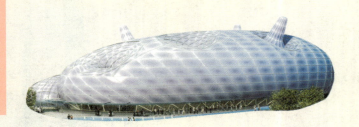

日本馆看上去像一只睡着的"蚕宝宝"。她的设计承袭了爱知世博会的环保理念，用科技来解决现实问题。通体紫色的蚕宝宝被命名为"紫蚕岛"，它的表面用了一种叫ETFE（四氟乙烯聚合物）的薄膜材料，具有最大程度的透光性，薄膜内部包裹着非晶体太阳能电池，使"蚕宝宝"的表皮能利用太阳能发电。

蚕宝宝身上三根突起的触角和弧形表面三个凹进去的"鼻孔"都具有"呼吸"功能，被称为"循环呼吸柱"。通过这些呼吸柱和鼻孔，外部光线能进入建筑，实现日本馆中央部分室内空间的自然采光。下雨时，"呼吸柱"会自动蓄水，并将汇集的雨水从屋顶洒落，不但清洁屋顶，还能降低室内温度。除引入光和水，循环呼吸柱还能把外部的风引入并冷却，送入馆内，从而降低室内的空调负荷。

走进蚕宝宝体内，最引人注目的是两款机器人的展示，这两款机器人可以处理家政、照顾老人，应对日本将要迫近的老龄化问题。

国家档案

日本　面积：377880平方公里　人口：约1.27亿　日本共举办过5次世博会。

资料卡 Data card 日本举办的5次世博会

1970年，日本大阪首次举办了世界博览会。

1975年，日本冲绳举办了世界海洋博览会。

1985年，日本筑波举办了世界博览会。

1990年，日本大阪举办了国际花绿博览会。

2005年，日本爱知举办了世界博览会。

快乐没门

荷兰馆是唯一一座找不到门的展馆。

她有的只是一条400米长的快乐街。

沿着这条快乐街，悬挂着26个无门有窗的小房子，它们是微型的小展馆，有生活内容，也有工业创新。华灯初上，灯光将"欢乐街"照得格外明艳。这里也许找不到阿姆斯特丹红灯区的影子，但是有CINEAC(电影院)这样亲切的名字，而且你只需要轻轻仰视，透过这一扇窗，便可神游到荷兰，那风车的故乡。

名词解释

CINEAC：在阿姆斯特丹，是建于1934年的功能主义风格的电影院，现在是荷兰最著名的俱乐部，可以办演唱会。

国家档案

荷兰 面积：41528平方公里　人口：约1652万　1883年举办过一次世博会。

第四节 | 左手科技，右手人气

2046年的一天

2046年9月25日上午8时，睁开惺忪的双眼，窗外秋意正浓，然而在一年四季25℃恒温的木头房子里，丝毫感觉不到凉意。

一天之计在于晨，开始晨练时间吧，也可以叫发电时间！不要觉得奇怪。我们小区的跑道是专门用发电地板材料制成的，连到发电中心，供整个小区使用，跑步产生多少电，居民就可以免费使用多少电。现在这种小区已经非常普遍了，能量守恒定律得以完美诠释：练了自己的小身板，造福了整个大社区。

一边跑步我一边用随身携带的遥控器指令家里的小机器人准备一顿丰盛的早餐，蛋白质含量、糖含量、碳水化合物含量都按指令一一输入，一年365天，早餐可以天天换。小机器人叫胖胖，他的祖先是法国人闹闹，他可是我生活的好帮手，可以拉小提琴、炒菜、爬上高楼做清洁，我无聊的时候

他还能陪我聊天，教我说多国语言。

跑累了，在不远处的生态森林湖边走走，或欣赏远处青山，或观察周边的植物，和花草对话也是我每天必修功课，花草是人类最好的朋友，能随时检测周围空气中的流行病毒和细菌，并用枝叶的急剧变化传递给我们信息。

湖畔有三四成群的鸭子，不时发出欢快的叫声，我冲着它们打着招呼，并掏出手机按下翻译按钮，企图八卦一下鸭子们之间的谈资。2046年啦，手机不仅可以提供全世界语种翻译，连动物语言解码也不在话下啦。

跑步回家后口渴，在水龙头上接了一杯水，2046年的自来水经过污水净化，杂质、细菌、病毒、寄生虫已被统统"过滤"掉，完全可以直接饮用，这时候，小机器人的营养早餐也上桌了！

变换了客厅墙面的色彩，用灯光配合出大自然的特效。顷刻间，饭桌融入了自然，面朝大海，春暖花开。

时钟指向9点，客厅里的生活墙一边用图像传递着世界各地的即时消息，一边用文字报告着我今天的工作日程。

开始了，美好的一天，始于一个美好的清晨。

提示：
　　这个美好的清晨不是来自梦境，也不是凭空臆造，这是来自于上海世博种种科技所提供的可能。写下的只是冰山一角，未来究竟有多美好，要时光去验证。

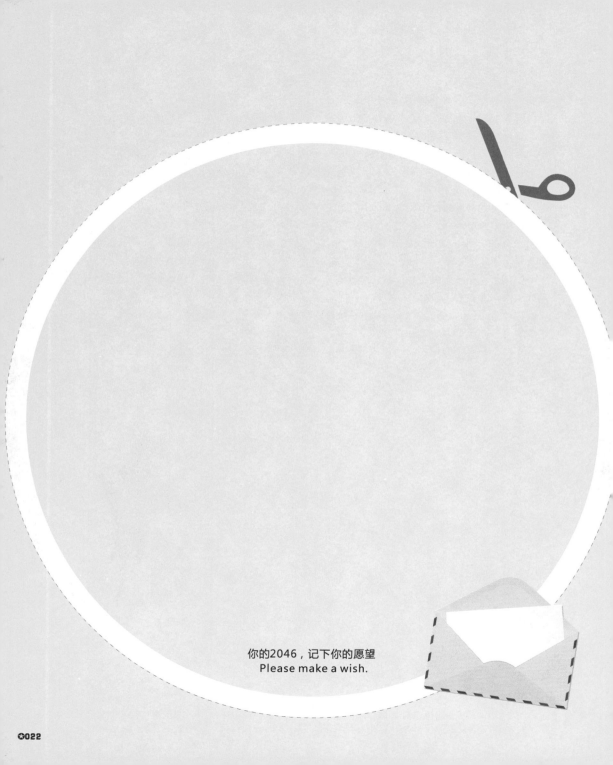

你的2046，记下你的愿望
Please make a wish.

上海世博园的科技高温

▶ **鱼鳞——芬兰**

芬兰馆外立面的白色"鱼鳞"外墙实际上是由25000块废纸和塑料组合而成的。这种"鱼鳞"是新型纸塑复合材料，坚硬防水不退色，作为新型环保建材首次亮相上海世博会。

▶ **小米宝宝——西班牙**

"小米宝宝"是仿照西班牙的一个真实婴儿制作的，他高6.5米，不仅能呼吸眨眼，还能做出32种不同的肢动作。他在西班牙馆迎宾送客。他还能做梦。在他的梦境中，有一座未来之城，城里每个孩子都能受到义务教育，每位公民都能享受医疗保险。

▶ **智慧的植物——英国**

英国馆种植的"智慧"植物，有的会长出金属，有的在死后会变成石油，还有的可以给人"诊病"。

▶ **闹闹——法国**

"闹闹"身上密集的传感器、摄像头和芯片使其拥有高度的人工智能。他通晓多国语言，会模仿人类许多动作，还擅长太极拳、爵士乐和踢足球。上海世博会期间，"闹闹"会用流利的英语、法语和中文向人们介绍别样的法兰西。

▶ **叶子——中国**

上汽通用馆有一款神奇的"叶子车"，通过设置在车顶的"大叶子"，运用光电转换、风电转换、二氧化碳吸附和转换技术，把能源消耗和能源制造有机结合在一起。这款车以太阳能和风能作为动力来源，在没有阳光和风的时候，甚至还能依靠分解水来提供动力。

▶ **生活墙——日本**

"生活墙"是日本用世界上最大的152英寸超高精细等离子显示器、最新的高精度传感技术以及网络技术设计而成的信息之窗。用手点击墙上的电视机图标，就能看高清电视；点击墙上的电话图标，就能打视频电话。

历届世博的科技清单

这些科技，来自世博，并走进我们的生活，改造了我们生活

1853年美国纽约世博会，"戏剧化"展示自动楼梯

1855年巴黎世博会，萨克斯管走向世界

1867年巴黎世博会，发明了钢筋混凝土

1873年维也纳世博会，意外导致电动机出现

1876年美国费城世博会，当时最大蒸汽机启动

1904年美国圣路易斯世博会，发明电子通信技术

1933年美国芝加哥博览会，工厂生产流水线亮相

1962年 美国西雅图世博会，开始进入太空时代

1967年加拿大蒙特利尔世博会，让参观者感受飞天壮举

1982年美国诺克斯维尔世博会，魔方风靡世界

1985年日本筑波世博会，1.3万果实的超级西红柿令人震惊

1986年加拿大温哥华世博会，磁悬浮列车首次亮相

2005年日本爱知世博会，进入机器人时代

世博会，是物和概念的展示，各种新理念、新知识、新文化、新技术、新产品扎堆亮相。世博会更是人文的展示，每一届世博都会打上主办国的烙印，当世界的世博在一处安家落地，就必然带来具备当地民俗特色的世博话题和世博现象。在这个围观盛行的时代，话题和现象最打动人，因为与人有关，因为最具人气，上海世博也不例外。

围观者世博：
玩得就是人气

排队：

在世博会的历史上，排队是保留曲目，并不是中国世博独有的专利。1851年水晶宫世博会期间排队赶车看世博的人就已经拥挤不堪；1970年的日本大阪博览会则动用了大量保安人员，身着褐色制服的安保人员手挽着手组成了人墙，缓步引领着身后的人潮"漫"下台阶，走向世博园。然而，没有任何一届世博的排队像上海世博一样引起了如此多的关注和争议。

因为，排队是中国人多年来都努力去培养但最终仍未能成为习惯的行为。买票、坐车、银行存钱、医院挂号、孩子上学，连买房都得排号。千军万马过独木桥，中国人习惯了挤啊、争啊、抢啊。曾经有外国媒体这样评价"即使车站上只有三四个人，他们也挤来挤去。中国人不爱排队"。

上海世博会，我们排队了。7000余万参观人次，平均每天几十万的客流量，进场馆比排队买打折商品还难上百倍，热门的场馆动辄排队八九个小时，石油

馆最长排队纪录更是达到了12.5小时。尽管还偶有插队的现象，还有些不和谐的争吵声，但是世博园里顶着烈日的蜿蜒长龙集中展示了进步中的国民素质。国民素养成为上海世博会上最大的展品。

《人民日报》评论中这样写道："排队七八个小时甚至超过10个小时，不为任何物质欲望，只为更好地了解世界，体验不同文化的魅力和高新技术的精彩。这种令人动容的观博激情，诠释了物质生活步入小康之后中国人强烈的文化渴求。"

世博结束了，但是中国国民素质的提升没有结束。

排队只是一个小而又小的细节，但是哪怕世博能够把这个细节当成习惯留给中国人，也将是我们的一笔巨大财富。

敲章族：

世博上的敲章族，是个不小的团体。这个团体比如今团购网上的任何一个团都火。他们手持30元一本的世

博护照，走一个馆，盖一个章，偌大的世博园只是他们的戳盖之旅。他们会因盖到一枚章而欣喜若狂，也会因盖不到一枚章而辗转难眠。若遇到围观者的不解甚至为之悲哀，他们会为自己辩护：

我们都是盖章长大的一代，为什么我们的眼中常含泪水，因为我们对盖章的本本儿爱得深沉。

世博奶奶：

来自日本的世博奶奶俨然已经是世博红人。这位白发苍苍的奶奶，自费70多万元人民币来到上海观博，为了实现一个特殊的"全勤"梦想，在184天展览会里，天天入园参观从未间断，累计参观45463分钟，获得了由上海世博会颁发的"2010上海世博会全勤证书"。

任何事往执着了去做，都能做成理想，可贵的不是你坚持，而是你坚持多久。

诸如此类引起关注的还有诸多粉丝团："小白菜"粉丝团，4D粉丝团，世博美女粉丝团，你方唱罢我登场。还有世博标语，世博语录，都上演着眼球争夺战。

有人参与的舞台，从来没断过掌声。

世博语录

那么大的世博，怎么说也有我们的一份吧。

——这句话来自一位民工兄弟，他是世博建设者的代表

中国人排队了。

——世博开幕后一位韩国商人这样对媒体说

国民素质是世博会最大的展品。

——中科院院士杨福家以此为题撰文

繁荣面比较多，思想面比较少。

——李教在8月底携全家游览了上海世博会之后这样评价

错过世博是对历史犯罪。

——上海市长韩正在接受台湾电视主持人陈文茜访问时说

中国多办博几次可成现代国。

——世博总规划师、同济大学教授吴志强在采访时说

历届世博名语录

"唯有自然才是真正的工程师。"

——英国园艺师约瑟芬·帕克斯腾

"我们国家从此拥有了自由的象征！"

——美国格兰特总统

"我们人类的祖先竟然是杰出的艺术家。"

——西班牙索图拉

"以最小限追求最大限。"

——巴克敏斯特·富勒

"人的一小步，人类的一大步。这是精神上的，也是技术上的。"

——阿姆斯特朗

"原子被放大了一亿五千万倍，愿人类合理利用原子能。"

——安德·沃特凯恩

第五节 | **不思量，自难忘**

不求有结果，不求同行，不求曾经拥有，
甚至不求你爱我，只求在我最美的年华里，遇到你。

184天，
地球村，
那些最最念……

184天世博狂欢，让上海变成了名副其实的地球村，线下是上海火热朝天的万国集市，人头攒动的各国大表演，为一睹石油馆风采挑战12个小时等待的壮烈景象。线上则是更热烈的互联网世博，网民们乐此不疲地分享着关于世博的每一个新闻，每一则话题，爆料着那些最事件、最现象，评选出心中那些最个性、最惊艳的场馆，最甜美、最感人的微笑，最谐趣、最爆料的人。

世博最场馆

▶▶▶ 最怀旧馆　中南美洲联合馆

中南美洲联合馆包含11个国家场馆，联合馆使用的是改造后的宝钢老厂房。20世纪末典型的工业建筑在改造后变身为洋溢着中南美洲风情的创意之城。在世博园中，这样的老建筑还有宝钢大舞台(原址为宝钢工业厂房)、中国船舶馆(原址为江南造船厂)等，这些历史遗迹与世博的现代化氛围相得益彰。

▶▶▶ 最奢侈馆　沙特阿拉伯馆

投资14亿元人民币，是本届世博会投资最大的展馆。整个展馆呈船体造型，有"月亮船"美称。展馆里有世界上最大的三维立体影院，屏幕达1600平方米，相当于两个篮球场大小。

▶▶▶ 最隐蔽馆　墨西哥馆

地面上只有135个巨大的风筝雕塑，而展馆在地下。在那里，墨西哥人独具匠心地挖通了一条"直通墨西哥"的隧道。参观者可以看到另一头墨西哥人的生活。这个设计创意来源于：在地球上，上海所在地理位置的对面就是墨西哥。

▶▶▶ 最迷你馆　"德中同行之家"

"德中同行之家"是本届世博会最小的馆，是一座用竹子搭建、充满创意的建筑。在这里有一个游戏叫"互动造城"，游客通过摆出各种身体造型，再经电脑程序处理，便可以展现出一座虚拟的城市。

▶▶▶ 最时尚馆　意大利馆

作为时尚之都的意大利馆，隔三差五地推荐来自时尚之都无与伦比的奢侈品和细致之极的手工艺品。各种各样的新产品轮番登场，还经常辅以知名手工匠现场表演，使得馆内的这一动态展示项目每天翻新，花样儿层出不穷。比如：意大利馆陈列出来的史上最豪华汽车、最经典的摩托车等，看来奢侈不仅是香车美女，也是经典与品位，记得赫本的微笑，就记得奢侈的本源，就记得意大利。

世博最数字

7308.44万游客破世界纪录
单日最大客流103.27万人
单日最少客流仅8.89万人
800亿元直接旅游收入
世博轴28亿元
石油馆：排队12.5小时
全国逾3万人名叫"世博"
园区内男女厕位比例1：2.5
世博园土地拍卖将收入2 000亿元
世博会直接投资为286亿元

世博最红人

最博学——问不倒倪
走红原因：撰写最牛3日世博攻略

世博还没开始，一份《中国2010年上海世博会3日游攻略》就在网上流传起来。作者设计了一条3天参观世博会的方案，涉及参观路线、参观内容、餐饮和交通等多项内容。数以十万计的网友在浏览后，赞其为"民间最牛观博攻略"，就连世博会执委会的领导也在网上称赞其"写得很好"。这份最牛攻略的作者正是23岁的倪文灏。因为曾是世博展示中心的"金牌讲解员"，世博期间又在城市未来馆工作，倪文灏对世博园内的情况相当熟悉，几乎没有他回答不了的问题，因此游客都叫他"问不倒倪"。

最华丽——世博黑桃Queen
走红原因：换装自拍

2010年5月世博刚拉开帷幕，一个自称"世博黑桃Queen"的女孩便在各大论坛上发布了她在世博园的写真照片。照片中的她在各个国家场馆前身着此国家的民族服装，仅两天时间，她便完成了包括中国、西班牙、印度、德国等9个国家场馆的拍摄。照片中的她时而文雅，时而风情，百变的造型和乐此不疲的状态引来了众多网友的围观。后有消息称，她是一个模特儿。

最浪漫—— 上海热吻小情侣

走红原因：接吻视频

中国馆、马来西亚馆、城市未来馆、西班牙馆……在许多场馆前，他们都留下了自己深情拥吻的影像。因为在世博园内148个场馆前展示着一个个极富创意的吻姿，并录成视频放在网上，上海热吻小情侣迅速一吻成名。他们或站或坐或蹲或立或拥抱或背对背，甚至展开双臂重现泰坦尼克号经典片段，这对情侣一路吻来，完全不顾及周遭游客投来的好奇目光。

最抱憾—— 国家电网"杯具"哥

走红原因：懊恼的表情

这位国家电网的杯具哥可算得上是世博园里比较新鲜的"红人"了，他前阵子在国家电网馆门口排队时，因为光顾着玩手机没跟上队伍，结果眼睁睁看着一个游客走到他前面，成为国家电网馆第300万名参观者。他当时懊恼的表情被旁边人拍了下来并上传到网上，后来还遭到网友PS，人称"国家电网杯具哥"。

最可爱——小白菜

走红原因：在园区内小白菜（志愿者）通常有许多种称呼。

游客1：不好意思问一下，菜！（着急时）菜！菜！菜！……

游客2：那个小……绿？

游客3：服务员儿，我问你……

游客4：小朋友……（小白菜 画外音：我是真的不小了呀）

网友声音：真不容易，辛苦辛苦。

世博之趣，那些最记忆

最美味的世博

1893年芝加哥世博会

1893年芝加哥世博会，美食成为最大的亮点。

以下所列举的几种食品，你肯定至少尝过其中之一。

首先是老少皆宜的麦片。19世纪90年代，凯洛格家族两兄弟致力于谷类原料食品的开发。哥哥约翰·凯洛格是一所健康疗养所的主管。一天，疗养所为病人准备了一些麦类食品，做好后因为搁置而错过了大家的用餐时间，所以他们决定把做好的麦类食品用磙子轧，就像他们平时做面片那样。令人惊奇的是，轧出 来的不是平常的宽大面片，而是薄薄的小片片。兄弟俩烘烤了这些小片片 亲自尝了一下，清香润滑的口感使他们意识到发现了一种新的、好吃的麦片。1893年芝加哥世博会上，凯洛格兄弟开始是提供参观者免费品尝这种美味而有健康概念的麦片食品，很快得到了大众的认可。麦片粥从世博走进了美国人的早餐，进而得到世界人民的认可。

另一种独特口味的食品是琥珀爆米花，也是在1893年世博会上推出的。琥珀爆米花是用一种特别的、红罂粟般颜色的玉米加工而成的，这种玉米最早由美国印地安人在公元800年左右杂交而成，某些新英格兰的部族曾把这种玉米涂上一层枫糖浆。美国人律克海姆在世博会上推出这种食品，当即受到人们的追捧。

今天我们常常见到的蓝带啤酒也是从本次世博会上出名的。1844年，一个叫Pabst的德国酿酒师将他的酿酒坊从美丽的莱茵河畔迁到了美国威斯康新州的沃土上，酿造出了在美国广受欢迎的特选酒，因为他们习惯在酒樽和酒桶上系一条蓝色的绸带，幽默的美国人干脆将它昵称为蓝带，蓝带由此得名，实际上，都是在那届世博会上大放异彩而被人们深深记住的。

最灾难的世博

1910年比利时甘特世博会。

首先惹祸的是几幅油画作品。英国画家威廉·霍加斯的著名作品《时髦的婚姻》在当时被展出，这组画共有6幅：订婚、时髦婚姻、求医、音乐会、决斗、自杀。正是这一组带有强烈批判意义的画引发了上流社会的不满和争议，红衣大主教更是大发雷霆，下令禁止教士、学校校长和家长前去参观。

火灾：在后来的展期中，会场连续发生火灾，大大小小共有六次之多。在火灾中，包括印度馆、德国餐馆以及仿造欧洲中世纪城市的老佛兰德等建筑都被毁坏。

盗窃事件：7月28日晚，放在比利时殖民地馆的一块金锭被盗，这块金锭号称价值两万美元。虽然事后证实，这块被偷的金锭只不过是一个仿造品，其实只值200美元，但是盗窃事件却让此次世博颜面再次扫地。

死亡：当时甘特世博会为了模仿美国圣路易斯世博会而建立了一个菲律宾村，还从菲律宾请来了50多位村民。但在漫长的展期中，据说组织者居然没有为这些远道而来的村民提供足够的食物和药物，导致55位村民中有9人去世。最后，这些菲律宾人还在不断抱怨他们足足有8个月没有领到薪水，而把他们带到甘特来的组织者却宣告破产。这件事引来了欧洲媒体的大肆报道，负面报道都造成了观众人数减少的后果。

最悲惨的事情是，在甘特世博会收场之后短短一年的时间，第一次世界大战爆发了，德国军队进攻了比利时。经过此劫后的比利时直到1930年，才重新恢复了承办国际展览的能力。

第六节｜后世博的那些事儿

花开不是为了花落，而是为了灿烂，
铭记就是我们给世博最好的礼物。

后世博，我们在路上

　　如果说世博是一个秀，用两千多个昼夜来筹备这个秀，用184天来展示这个秀，我们所期待的绝不仅仅是一场华丽的演出。当有形的演出落幕，当184天的上海世博园成为惊鸿一瞥，无形的世博正汇成一股浪潮，在各种关于"后世博时代"的讨论中，找寻着答案。

1. 那些继续的话题

　　政府在规划：如何借世博之力，进一步开放市场经济，更深地融入世界；如何利用学来的国际经验优化产业结构，提高城市素质。下一个"十二五"，有多少世博的新理念、新城区构造、新能源，可以为我们所用。

　　企业家在考察：那些新发明、新科技、新产品什么时候可以在中国上市？

　　老百姓在议论："世博的时候上海确实天蓝了，空气好了，水也比过去清了。世博会后能不能持续？"

　　游客们在呼吁：那些永远挂着甜美笑容的小白菜们还会回到我们的生活中吗？这有序排队和志愿者的服务能否成为一种生活的常态？

　　世博迷们在持续关注：那些世博会上出现的所有新奇事儿、新奇概念、新奇事件、新奇面孔将以何种方式何时走进我们的平常生活？

2. 那些传承的精神

　　从世博开始，加入低碳组织联盟，节能减碳，身体力行。
　　从世博开始，延续提倡志愿者精神，志在愿在我在。
　　从世博开始，加倍爱护我们的城市，关注人的城市。
　　从世博开始，做姿态开放的世界人，立足中国，更要放眼世界。
　　从世博开始，资源互享，理解，沟通，欢聚，合作。
　　从世博开始，要做乐活族，让我们快乐生活！

链接

有多少耳熟能详的名字
——历届世博遗产回顾

水晶宫

　　1851年伦敦世博会留给后人的第一印象，无疑是横空出世的水晶宫。这座"玻璃房子"原本为了容纳五大洲14000家厂商送展的10万多件"珍宝"，没料到自身却成了头号的"展品"和最大的"珍宝"。尽管水晶宫早已经不复存在，但全世界的教科书都将它尊为现代建筑的开山之作。这个由园艺师帕克斯顿设计的展馆长606米，宽150米，高20米，中间穹隆顶甬道高35米巨大的钢铁框架被30万块玻璃覆盖，显得壮丽辉煌，被赞誉为"水晶宫"，是世博历史上不得不提的建筑经典。

　　《海德公园》这首诗，曾描述过这栋壮观的建筑物：
At Rotten Row around a tree,
With Albert's help did Mr P.His stately pleasure dome design;
The greatest greenhouse ever seen;
A glass cathedral on the green,Beside the crystal Serpentine.

　　而有关这个展览场地的风貌，可参考日本于2005年发行上映的动画电影《蒸气男孩》，其故事背景以英国1851年世界博览会为主，有不少水晶宫以及周遭风景，以动画的形式呈现出来，不过其建筑外貌与实际的水晶宫并不相同。

自由女神

　　自由女神像，是法国人民送给美国的友好礼物。1871年，法国雕刻家Frederic Auguste Bartholdi访问美国时，欲塑造一尊名为"自由女神"的雕像，象征新大陆的自由精神。1876年，自由女神擎着火炬的手笔完成，随即赴美，参加美国建国100周年的庆典活动。同年，自由女神的头部，在巴黎世博会上展出。1884年，自由女神像制作完成。1886年，自由女神像安装完毕。

埃菲尔铁塔

　　法国政府在筹备纪念法国大革命100周年的1889年巴黎世博会时，举办了纪念建筑的设计竞赛，征集了100多个方案，其中土木工程师古斯塔夫·埃菲尔设计的300米高露空格结构铁塔方案中选。埃菲尔在当时的技术条件下，最大限度地使用了锻铁的性能，用7300吨的锻铁来建造这座铁塔，设计方案利用了关于金属拱和桁架在受力情况下发生变化的先进知识，预示了土木工程和建筑设计的一次革命。

　　虽然在建造之前人们对这一设计方案充满质疑、批判甚至嘲笑，然而当埃菲尔铁塔最终于1889年3月31日伫立在世人面前的时候，人们对它的评价是"它压塌了欧洲"，原先的批评变成了赞颂。原计划埃菲尔铁塔在博览会结束20年后拆除，由于新时代的要求，埃菲尔铁塔于1916年承担了无线电通信天线的职能，躲过了被拆除的厄运，并成为巴黎新的游览名胜，埃菲尔铁塔也躲过了世界大战的战火。

摩天轮

　　1893年美国芝加哥世博会上，大道乐园中心位置的菲利斯大转盘是世界上第一座现代摩天轮。在那届世博会上，菲利斯大转盘共承载160多万参观者，乘客们一次又一次登上摩天轮观赏风景，成为那届世博会的象征。这是世界摩天轮的鼻祖。

太空针塔

1962年西雅图世博会被认为是最令人流连忘返的世博会，而这一点要归功于一座特殊的建筑——"太空针塔"。它是专为1962年在美国西雅图举行的世界博览会而设计的，占地74英亩，高185米，站在上面可以360°俯瞰西雅图的街景，时至今日还是西雅图不可或缺的文化标志。

1961年12月，"太空针塔"正式建成，当时耗资450万美元。不过这还不是它的全部，2000年，人们对"太空针塔"实施了2000万美元的重建计划，让这座39岁的塔重新焕发了青春。每到圣诞节的时候，塔上火树银花与熠熠星空交相辉映，令人流连忘返，这种美景会一直持续到新年。

"太空针塔"已经是西雅图的旅游胜地，人们常说，到西雅图没有登过"太空针塔"，就像到巴黎没有去过埃菲尔铁塔。现在，"太空针塔"的第一层是一个礼品店，里面会出售各种具有西雅图或华盛顿州特色的纪念品；再往上面一层是可容纳1000多人的宴会厅；最上面是观赏台，电梯以每小时约16公里的速度运行，从一楼到185米高的观赏台只需43秒。观赏台往下一层是每48分钟旋转一圈的旋转餐厅，这是世界上目前还在营运的最古老的旋转餐厅了。从1992年起，这个旋转餐厅每年都被选为西雅图最有情调的餐厅。在旋转餐厅一边享受美味，一边可以将西雅图的美景尽收眼底，不亦乐乎。

冰激凌

1904年，在圣路易斯的世博园区，来自叙利亚的欧内斯特先生正在卖一种名叫Zalabia的中东甜品，另一位阿诺德先生在一旁卖冰激凌，起初他以普通的杯碟盛装出售，但到中午所有杯碟用光了，正当阿诺德不知如何应付下午的生意时，欧内斯特将自己的薄饼卷成锥状递给阿诺德。阿诺德就用这薄脆饼卷着自己的冰激凌叫卖，于是Zalabia摇身就变成了冰激凌筒。没想到，这种可食用的冰激凌筒大受欢迎。时至今日，在欧内斯特的故乡——叙利亚大马士革，人们一直相信那里才是美味蛋筒冰激凌的故乡。一个世纪以来，爽滑的冰激凌和香脆的蛋筒再也没有分开。

LOVE LETTER

茅台酒

　　1915年，中国参加巴拿马世博会。茅台酒"一摔成名"。茅台酒起初是装在深褐色陶罐中的，一点也不起眼。有人提出将茅台酒移到食品加工馆，以突出其位置。搬动时，一位代表不慎失手，一瓶茅台酒从展架上掉下来摔碎了。陶罐一破，茅台酒酒香四溢。工作人员灵机一动，建议不必换馆，只需取一瓶茅台酒，分置于数个空酒瓶中，去掉盖子，敞开酒瓶口，旁边再放上几只酒杯，任茅台酒挥发香气，任专业人士品尝。此举果然非常奏效，参观者们纷纷寻香而争相斟酒品尝，展馆里因之一时人头攒动，"酒香为媒"的轰动效应，成为世博会上的明星，直接由高级评审委员会授予荣誉勋章金奖。

柯达

　　1893年在美国芝加哥世博会上，身穿黄色广告服装的柯达小姐与柯达胶卷一样，成为世博会最亮丽的风景线。柯达产品成为照相用品的代名词。依斯曼设计的柯达广告语"你按快门'喀达'，万事留给'柯达'"更是路人皆晓、广为流传。

第二章

12.5小时的等候

Chapter 2

世博是用脚投票的。

——上海世博会石油馆馆长刘俊杰

我们生活在这样一个时代，人们相信自己具备超凡的创造力，但却不知道要创造
什么东西。

——奥尔特加·加塞特

　　"浦东有中国红，浦西有石油蓝"，上海世博会上，人们习惯用这样一句话来定位一江
之隔的两个展区。作为浦东的代言，"中国馆"众望所归；而石油馆在世博会上异军突起，
击败众多国家馆成为最富吸引力、排队时间最长的场馆，却令很多人始料未及。

　　在上海世博会运行的6个月里，连续4个月游客平均排队等候时间在全部展馆中位列第
一，其中有113天单天排队时间居于榜首，还一举创下了上海世博会游客排队时间的最高纪
录——12.5小时，创造了9点30分一开馆就宣告停止排队的世博传奇。如果不是真实的存
在，你很难相信这个传奇是由一个中国企业馆创造的。

　　在异彩纷呈的世博园里，观众是用脚投票的，是否吸引观众不在于你要说什么？而在于
观众喜欢看什么？大多时候，中国企业习惯自说自话，不管观众爱不爱听，我必须说我想说
的，尤其是"花了钱"的时间段，这一点从中国式广告上体现得最为明显。而世博石油馆成
功的关键就在于"丢掉自我""尊重观众"。

　　在石油馆里，除了出口处的墙面上展示了三大主办方（中石油、中石化、中海油）的标

中国红
与石油蓝

石油馆

志以外，4000多平米的展区内你丝毫感觉不到企业宣传的痕迹。没有司空见惯的歌功颂德式的企业介绍，没有铺天盖地的产品推介，企业退到了不能再小的角落，更广阔的空间全都留给了观众。

石油馆馆长刘俊杰在接受媒体访问时提到，2008年4月到2009年4月整整一年的时间，他们始终在研究创意和设计，研究世博，研究世博的观众，研究世博观众的喜好。世博是一个最博大、最特殊的舞台，这里的观众，有下至7个月的婴儿，上至79岁的老者；这里的观众，有来自偏远的下里巴人，也有皇家贵族和阳春白雪；这里的观众，有来自全国各地的中国百姓，也有来自五湖四海的国际友人⋯⋯首先是要让所有的人都能够看得懂，其次才是撼得动。最终，石油馆确定了"用娱乐精神传递科普知识"的思路，选择了最简单、最直接、最震撼的方式。简单到四组概括的数字就浓缩了石油与生活之间千丝万缕的联系；简单到仅有8分钟、没有一句台词的4D电影就让所有人在震撼中感动与感悟。

"用娱乐精神传递科普知识"获得了成功，将正确的思路贯彻到极致就会缔造经典。然而，往往没有什么事情能够说起来好听，做起来舒服。石油馆"简单"方式的背后是无数次"丢掉自我"的矛盾与纠结，也充满了"探究观众"的复杂与艰难。

观众的眼睛是雪亮的，在包括世博的任何一个舞台，谁尊重观众，观众就会尊重谁。

石油馆大事记

2009年4月20日，石油馆外观设计对外发布并举行开工庆典。
2009年7月11日，石油馆主体结构率先封顶。
2010年4月15日，吉祥物油宝宝发布。
2010年10月31日，正式闭馆。

12.5 小时

　　2010年10月17日，十一"黄金周"过后的第一个周末，石油馆延续着往日排队的疯狂。9点钟，浦西园区1号门刚一打开，无数人冲着同一个方向飞奔，习以为常的武警战士们一边用沙哑的嗓音提醒大家注意安全，一边用手指引着石油馆的方向。

　　9点30分，世博园的广播播放了这样一条消息：石油馆停止排队，截至目前最长等候时间12.5小时。

　　12.5小时？

　　12.5小时，往返北京与纽约的一次长途飞行；

　　12.5小时，乘火车从上海到北京的一夜；

　　12.5小时，和家人去郊区的一日游；

　　12.5小时，无所事事白日梦的悠闲一天……

　　排一整天的队只为了看一个企业的场馆？！在很多人看来这种行为近乎疯狂。然而，在石油馆厚厚的留言册上，很多游客写下了这样的句子："排石油馆确实很累，但是很值得！"，"石油馆的排队时间真的很长，不过真的不白来！"……

　　人们并不惧怕等候的时间长，关键在于等待的结果是否值得。

　　人们可以花12.5小时做很多事情，关键要看这些事情是否有意义。

数字化石油馆：

2010年6月28日，石油馆排队时间超过7小时

2010年8月20日，石油馆排队时间超过9小时

2010年9月24日，石油馆排队时间超过9小时20分

2010年10月4日，石油馆排队时间超过9小时40分

2010年10月10日，石油馆排队时间超过10小时

2010年10月15日，石油馆排队时间超过11小时

2010年10月17日，石油馆排队时间超12.5个小时

12.5

我的12.5小时

生活中其实只有少数几件事情是真正重要的，它们构成了我们的快乐、幸福和成长，但是那些无关紧要的事情总是浪费我们太多的时间。记下你的12.5小时，找到那些对你真正重要的。

	时间	记下你都做了些什么？
1		
2		
3		
4		
5		
6		
7		
8		
9		
10		
11		
12		

第二节 | 那些创意的背后

这个展馆是大而"饱满"的，每一寸占地面积都需要最大限度地运用，每一寸空间都需要珍惜。

——现代设计集团现代华盖建筑设计公司董事长兼总建筑师武申申

油立方

2008年夏，当全国人民还沉浸在百年奥运的圆梦激情中时，上海现代华盖建筑设计有限公司董事长、总建筑师武申申和她的团队已经开始埋头于另一个举世瞩目的盛会——他们参与了上海世博会石油馆的建筑设计竞标。

记不清是第多少次创意碰头会了，每天下午三点，在现代华盖的会议室里，堆满了设计草图，十几个设计师对每一个设计评头论足，从创意思路到视觉表现，从材质选择到实施难度，常常是一番唇枪舌战接续一段冗长的沉默，一轮又一轮的创意，一张又一张草图，每一次仿佛都已柳暗花明，转眼却又陷入绝境。年轻的设计师们充满了激情，这是他们截至目前的设计生涯中最大的一个舞台，他们渴望能够把握这次机会，尽情而卖力地表演。于是，他们使出了浑身解数，很多构想都奇妙而炫目，闻所未闻。但是武申申知道，任何一个作品都需要自己的魂，为企业和行业量身定做的作品更是如此。设计师要做的事并不总是"化腐朽为神奇"，更重要的是基于深入理解后的精准表达。尤其，这一次，他们面对的是中石油、中石化、中海油三大国企，而石油又是一个与国家经济、社会进步、百姓生活息息相关却纠结了太多误解的特殊行业。

建筑就是这样一种特殊的艺术，每一项设计经常会在某个阶段"陷入绝境"，这时候建筑师本人的生活经验非常重要。因此，对于建筑师来说，每一段平凡或者不平凡经历都值得珍惜。

武申申时常让自己的思维回到"大庆"。为了让创意团队更直观地感受这个行业，馆方曾特意安排建筑师们到大庆调研，还专门制作了1300多页的PPT供他们参考。设计团队经常在又一轮僵局后集体"回放"在大庆的所见所感，并严肃而认真地学习1300多页充满了科普味道的庞杂文件。他们强迫自己回归，回归到"石油"的本质。石油到底意味着什么？石油馆到底要承载什么？毫无疑问，这是一个太过庞大的命题，却也是无从回避的命题。作为建

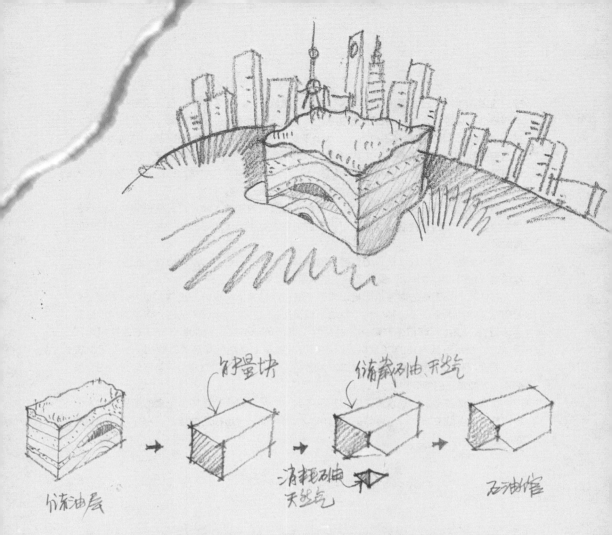

储量块

储藏石油、天然气

分布油层

清粗石油
天然气

石油馆

筑设计师，既要有"剥丝抽茧"般的深入探索，还要时刻保持"拨云见日"般的清醒灵光，在庞杂中删繁就简、去粗取精，方能梳理出一个"形神兼备"的所在。

在被浩如烟海的资料和信息轮番填满并不断地归纳总结之后，这一群以创意和纸笔构造世界的设计师们对曾经冰冷的石油充满了前所未有的敬畏甚至感激。探讨线条、结构和材质的会议上更多的是关于石油未来和生命意义的思考。短短数月，石油已经成功侵占了这群设计师们的大脑，每个人都感觉到"石油的魂"已经呼之欲出，沸腾的激情只差一个出口。

冷静，越是在这种时候越要保持头脑的冷静。设计师们再次翻看着1300页的PPT，一页、两页、三页，鼠标看似不经意地定格在油页岩"能量块"，这是历经137亿年，在地球碰撞、压力和生物变迁之后形成的蕴含石油的"能量块"。有人屏息，有人欲言又止，有人用眼神寻求认可，有人开始在纸上勾勒，饱满的长方体，看似传统中庸、内部却充满了能量……就是它了。正如老子说过的，"大道至简"，这至朴至简的"能量块"几何体就是他们苦苦要找的石油馆的魂——世界151年、新中国50多年的开采应用历史，现代世界的繁荣和萧条、战争与和平、金钱与权力，养活了全世界的粮食和救命的西药——石油正是人类社会现代进步的核心动力，也是美好城市的主要能量源泉。

创意往往就是这样，"众里寻他千百度，蓦然回首，那人却在灯火阑珊处"，但是任何看似轻易的得到，背后往往都是百转千折，若没有千百度的寻觅，恐怕也难以在蓦然回首时发现。

形神兼备，是年轻设计师们对自己的要求，创意的过程有时就像隔着一层窗户纸，一旦戳破，眼前就豁然开朗。找准了神，形就变得简单了。

石油被称为工业的血液，而将这些鲜活的血液输送到全世界的通路就是——管道。形的创意从管道入手，设计师们将"管道"纵横交错编织成一张巨大的网，包裹整个展馆。远远看去，像是石油衍生产品化纤的织物，更像是一个巨大的能源网络体系。在展馆四周，设计师用五颜六色的PC管做装饰，在每根管子上，都标有钻头、阀门等石油行业符号。或许没有几个人认真地关注过这些"管道"和"标记"的细节，但是任何完美的作品都是由无数精巧的细节构成。

在世博的舞台上，观众是评审。开园不到一个月，这个蓝色管道包裹的能量块被人们亲切地叫做"油立方"，在评审的心目中，这是可以与奥运标志性建筑"水立方"媲美的作品。

跨界的
专利外衣

  这个世界上所有已上演的好戏都始于想象。1853年，名不见经传的机械工程师"表演了"自动楼梯，至今仍是摩天大楼修建和使用的重要工具；1862年，数学家巴贝奇发明的解析式计算机在世博会上亮相，引发了随后的信息浪潮；1867年，法国花匠约瑟夫·莫尼埃发明了钢筋混凝土，最终成为现代建筑最重要的材料之一……世博从来就是一个科技创新的舞台，在这个舞台上无数先者做出了精彩的跨界演出，并影响了一个多世纪。

  一个多世纪以后，上海世博会上，石油馆又创造了一个跨界奇迹。

  当初，建筑设计师在纸上给了"油立方"灵魂和结构，还需要用适合的材料赋予它生命。用什么材料来实现设计创意，是石油馆项目团队和建筑团队面前的又一道难题，因为这个材料必须满足"可编织"的条件，唯此才能形象地展现石油管道交错纵横的效果；这个材料还必须能够与LED有机配合，唯此才能让石油馆在夜色中绽放。基于对建筑的理解和对石油的了解，石油馆项目团队大胆地提出了用PC(聚碳酸酯)作为外部材料。PC本身就是一种石油衍生品，最关键的是这种材料可循环利用，符合世博绿色环保的要求。但是，PC材料大面积应用于建筑外表皮，并且要实现精细成像，这不仅在中国，就是在世界上还没有过先例。

  可能吗？所有武断的"不可能"，都源于心虚的不实践。

  项目组经过缜密思考和精密计算，认为PC满足石油馆外部材料的基本条件，但是需要解决三个技术难题。第一是PC板的连接问题，根据设计要求，这些PC板需要交错扣在一起，作为化工产品，PC随温度不同膨胀系数不同，建设安装时气温接近-10℃，而世博展出的时

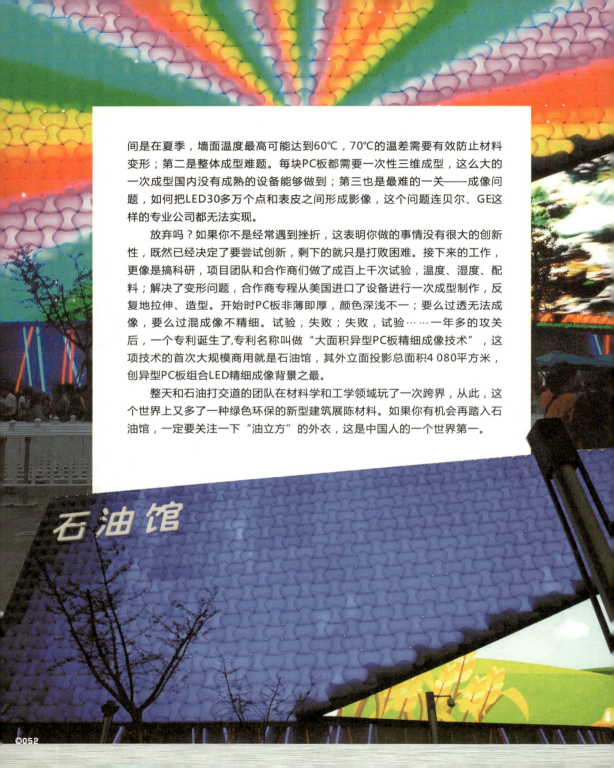

间是在夏季，墙面温度最高可能达到60℃，70℃的温差需要有效防止材料变形；第二是整体成型难题。每块PC板都需要一次性三维成型，这么大的一次成型国内没有成熟的设备能够做到；第三也是最难的一关——成像问题，如何把LED30多万个点和表皮之间形成影像，这个问题连贝尔、GE这样的专业公司都无法实现。

放弃吗？如果你不是经常遇到挫折，这表明你做的事情没有很大的创新性，既然已经决定了要尝试创新，剩下的就只是打败困难。接下来的工作，更像是搞科研，项目团队和合作商们做了成百上千次试验，温度、湿度、配料；解决了变形问题，合作商专程从美国进口了设备进行一次成型制作，反复地拉伸、造型。开始时PC板非薄即厚，颜色深浅不一；要么过透无法成像，要么过混成像不精细。试验，失败；失败，试验……一年多的攻关后，一个专利诞生了，专利名称叫做"大面积异型PC板精细成像技术"，这项技术的首次大规模商用就是石油馆，其外立面投影总面积4 080平方米，创异型PC板组合LED精细成像背景之最。

整天和石油打交道的团队在材料学和工学领域玩了一次跨界，从此，这个世界上又多了一种绿色环保的新型建筑展陈材料。如果你有机会再踏入石油馆，一定要关注一下"油立方"的外衣，这是中国人的一个世界第一。

石油馆

2010年6月，对于很多人而言，除了世博，更重要的还有4年一度的世界杯。在上海24℃宜人的夜色里，很多人曾在世博与世界杯之间艰难取舍。6月12日，石油馆"三角形"的高清屏幕上，第一次现场直播了韩国对希腊的比赛，球迷和世博迷们因这"三角形"获得一场意外的惊喜。

　　最初的"油立方"是一个规则对称的长方体。在设计师的眼中，只有基本上对称但又不完全对称才能构成美的建筑，就像维纳斯雕像残缺的双臂上肢构成了一种独特的残缺之美。从这种意义上说，恰恰是对称的打破带来了完美。石油馆总设计师亲自"操刀"，将长方体"切"下了一块三角形。有时，对称性或者平衡性的某种破坏，哪怕是微小破坏，也会带来不可思议的美妙结果。舍掉了一块三角形，却让石油馆多了一个嵌入式的入口；舍掉了一块三角形，成就了一块高清屏幕，关于石油和石油工业的短片得以连续不断地播放；舍掉了一块三角形，在地面上又得到了一个"三角形"，让观众有了一个敞亮舒徐的候场空间。哦，如果不是当初舍掉了这块三角形，也就不会有世界杯期间球迷在世博园里的欢呼。

　　这个世界上的很多事都是一舍一得的过程，佛曰：不舍不得，小舍小得，大舍大得。韩信舍生死，以三千当二十万，得以弱胜强；陶渊明舍仕途官爵，得"悠然见南山"之乐；李煜舍国君明政，得"流水落花春去也"之风骚……贾平凹先生曾经说过，会活的人，或者说取得成功的人，其实就懂得了两个字：舍得。人和事皆是如此，大人物大事件，大舍大得；小人物小生活，小舍小得。就像6月12日带着舍弃世界杯的遗憾而进入石油馆的球迷们，这一心痛的小舍最终得到了两不误的小惊喜。

切掉的三角形

油宝宝

海宝已经非常出名了，这里就不用介绍了。不过，在世博会上还有一宝也非常抢手——它就是石油馆吉祥物——油宝宝。

活泼可爱的"油宝宝"为上海世博会石油馆立下了汗马功劳。这个以"油滴"和"油气管"为原型，浑身金灿灿的小家伙，表情丰富，憨态可掬，一下子就拉近了观众和石油之间的距离，更是深受小朋友们的喜爱。

油宝宝——"油"取自"油气"，即石油和天然气的总称。"宝宝"寓意"成长和希望"。"油宝宝"既象征了石油资源来之不易，又表达了中国石油石化行业朝气蓬勃、不断成长和进取的形象。

专家评宝宝 •

邵隆图　2010年上海世博会吉祥物"海宝"领衔设计师

设计本无好坏之分，只有差异，所谓好坏也只是传播的结果。任何吉祥物必须具备原创性，任何图形或符号必须经过有意义的、指向性的描述，才具有价值，也就是制定相关的理念标准。

莫康孙　麦肯光明广告/SGM　WORKS　总经理

好一个代表石油的吉祥物。头顶的一滴大石油，配上灵巧的眼睛与充满快乐的笑容，确实是让来场馆参观的人感觉石油也可以那么友善和有亲和力。"油宝宝"的吉祥物造型是非常典型的设计，就是那一滴石油与油管的处理，至少让这个吉祥物从外型来看就可以辨别出它独有的身份。

唐圣瀚 台北101形象设计者、企业及品牌形象塑造专家

中国石油馆这次推出的吉祥物"油宝宝"亲和力很高，可以为保守的企业品牌带来不同的活力气息。让可爱的吉祥物来做营销活动，可以更快速地累积出可观的品牌资产，将来在制作周边商品与文化宣传制作之余，如果多加强"油宝宝"的个性塑造，未来必定能发挥出更大的影响力。

贺玉强 北京杰威品牌营销顾问公司董事长

水和油是地球给人类的礼物。如果水是生命的源泉，那么"油"则推进了人类工业文明的发展。如果"海宝"表明了中国融入世界、拥抱世界的崭新姿态，那么"黑色黄金"的卡通造型"油宝宝"，则象征石油人无私奉献的温暖形象。"油宝宝"阳光活泼的个性，传达出石油人既是美好生活的创造者，也是美好生活的体验者。

刘俊杰 世博会石油馆馆长

　　"油宝宝"的亲和力拉近了石油与人的距离，这个可爱的由油滴、油管形象组成的小家伙，相信会给大家留下比较深的印象。"油宝宝"不仅承载了中国石油行业对未来的希望，透过它可爱的形象，人们会更容易理解石油行业的过去、现在和未来的发展历程。希望更多的朋友能来到石油馆参观，感受石油给大家带来的七彩生活。

可爱吉祥物

　　2010年上海世博，不仅是各个场馆比拼的时刻，也是世博场馆吉祥物的PK舞台，吉祥物们以各种方式带给游客快乐与体验，有的当"导游"，有的当道具，有的被制作成纪念品，不失为好的世博收藏品，每一个吉祥物都是一个小明星。

法国馆：小猫"LÉON"

　　小猫Léon，已经七岁了。这只穿着红白蓝工装裤的小猫名字和《这个杀手不太冷》里头的Léon同名。不过他可不像杀手那么酷，他快乐并且充满活力，有时会因为冲动闹些小笑话。小猫Léon随时准备好去冒险探寻世界的奥秘。他像普通孩子一样生活：洗澡、吃饭、过生日；也常常做些傻事：比如忘关水龙头。他每天两点一线，从家里到学校，也常到海边和山上玩耍。就是这样一只可爱的小猫，在上海世博会法国馆内与每位参观者进行互动。

澳大利亚馆：笑翠鸟"鹏鹏"

　　笑翠鸟憨态可掬、引人注目，并可发出令其引以为豪的独特笑声，是世界上极受人们喜爱的鸟类，因此成为2010年上海世博会澳大利亚国家馆的吉祥物。它们与众不同的笑声体现出诙谐幽默、乐观向上的性格，而其独特的外形则与家乡澳大利亚的壮秀山河交相辉映。笑翠鸟非常注重家庭，一旦选中自己的配偶，则相互厮守一生。笑翠鸟通常生活在丛林、疏林地、海岸灌木丛以及城市地区中，笑翠鸟一生的大部分时间中，都生活在同一个地方。

　　"鹏鹏"诙谐幽默，善于开玩笑，经常使自己的家人开怀大笑。他是一个"早起者"，并以舒畅愉悦的心情开始自己的一天，他们的情绪是如此的高涨，以至于忍不住要大笑起来。他非常顽皮，虽然喜欢帮助自己的爸爸妈妈照看自己的小妹妹，但是也喜欢和自己的妹妹捉弄他们。

新加坡馆："榴莲小星"

　　榴莲小星是一个活泼、充满好奇心、酷爱榴莲的新加坡小男孩，从小跟随自己的音乐家父母环游世界；今年，他第一次来到了自己向往已久的中国，并交上了新朋友——上海世博会吉祥物"海宝"。

比利时："丁丁、蓝精灵"

　　"在那山的那边海的那边有一群蓝精灵，他们活泼又聪明，他们调皮又灵敏，他们自由自在生活在那绿色的大森林，他们善良勇敢相互关心，欧，可爱的蓝精灵，可爱的蓝精灵！他们齐心协力开动脑筋斗败了格格巫……"，记忆里的蓝精灵来自比利时，2010上海世博比利时馆吉祥物就是以蓝精灵为原型，这无疑是最成功的友好使者之一。

中国航空馆："飞飞"

　　以科技感和飞行特点为整体设计出发点的吉祥物"飞飞"，代表蓝天和正义的蓝黄组合，紧身的身体造型，彰显力量的手套和鞋子，具有明显航空特征的风镜和翅膀，勾画出一个健康可爱的飞行员形象。

民营企业联合馆："活力精灵"

　　"活力精灵"以细胞为生命原点，将民营企业视为一个个充满活力的细胞，细胞不断裂变整合，形成蓬勃生命体。由四个细胞形状的卡通人物组成，分蓝、黄、红、绿四种颜色。蓝色的海水精灵，象征着民营企业家国际化的胸怀和成为百年企业的志向；黄色的沙砾精灵，寓意残酷市场竞争中那种披砂炼金的开拓进取精神；红色的火焰精灵，表示炙手可热的能力和活力；绿色的玉石精灵，晶莹剔透，价值无限，让公众充分感受到民营企业的灵动和时尚。

第三节 | 尖叫的4D

这部影片的最大意义不是它挑战了国内罕见的4D技术，而是证明了中国的电影人完全可以成为指挥官，让电影界的"多国部队"为中国电影打工。

——派格太和环球传媒总裁 孙健君

尖叫的4D

"远古时代，海洋里的无脊椎动物，一队队悠然游过你的头顶；鲨鱼作为海洋霸主，张着血盆大口向你冲来；热带雨林，大黄蜂如战斗机般成群轰鸣而来，你急忙躲闪，但仍有一只停到你的鼻尖上，以迅雷不及掩耳之势射出一种毒汁炸弹，带着清香，一摸脸上湿乎乎的；突然，沙漠上一条响尾蛇飞速向你逼来，惶惶间，它却突然掉头，扎进沙里，紧接着你大腿下面一阵起伏，响尾蛇正从你腿下蜿蜒而过……"

8分钟的《石油梦想》，尖叫声此起彼伏。

有人说它是一部恐怖片；

有人直呼它比《阿凡达》过瘾；

中影集团董事长韩三平则称它"是中国电影迈向多维电影时代的一次有益尝试"。

2009年底，《阿凡达》的上映让沉寂了80年的3D电影瞬间火爆，而此时，石油馆4D电影《石油梦想》已经进入紧张的拍摄制作阶段。最初决定拍摄4D电影时，中国还没有一部真正意义上自主拍摄的3D电影，世界上也没有一个达到院线级播放标准的4D影院，没有任何成功的经验可以借鉴，一切都要从零开始，而且4D电影投资高，周期长，技术要求高，风险很大。

不相信奇迹，就绝不会创造奇迹。世博本就是一个创造奇迹的舞台。

在8分钟内将动感"武器库"用到极致，观众用无数的尖叫声验证了《石油梦想》的成功。

石油馆4D影院成为世界上第一个达到院线级、每天连续运转、不间断播放的4D影院。在整个世博期间共计连续放映13 666场，创下国内连续188天累计放映单一4D影片场次之最。用实践数据证明了4D电影可以进行商业化、院线级播放，这是石油馆对中国电影的一大贡献。

2009年是世界3D电影元年，而4D电影的发展则可能始于石油馆。

世博上的电影

环幕电影

一种借助新的科技手段表现水平360°范围内全部景物的特殊形式电影。这种电影是9台摄影机同步全景角拍摄的，再由9台放映机放在环形银幕上进行同步放映。观看这种电影时，人们站在圆形观众厅的中央区域，被四周环绕的广阔画面所包围，再加上与影片内容相一致的全方位立体声效果的配合，能产生极强的身临其境感。

穹幕影院

穹幕影院是球幕影片播放的影院系统，该系统把传统天文馆和科技馆/中心剧场的一系列众多设备的能力结合在一起，使之成为完整的一个系统。屏幕直径达15～20米，整个屏幕面积近800平方米，电影画面可达600多平方米，可容纳观众200～300人。穹幕影院系统所创造出的沉浸式环境使观众完全融入于图像和声音中享受到难以置信的体验。

球幕电影

又称"圆穹电影"或"穹幕电影"。拍摄及放映均采用超广角鱼眼镜头，放映厅为圆顶式结构，银幕呈半球形，观众被包围其中，视银幕如同苍穹。由于银幕影像大而清晰，自观众面前延至身后，且伴有立体声环音，使观众如置身其间，临场效果十分强烈。此外，动感球幕电影厅通过动感平台的活动，让观众感到惊险刺激。

3D电影

　　D是英文Dimension(线度、维)的字头，3D是指三维空间。国际上是以3D电影来表示立体电影。3D立体电影的制作通常采用偏光眼镜法。放映时，需两台放映机同步运转，同时将画面投放在金属银幕上，形成左像右像双影。观看时，观众戴上特制的偏光眼镜，会看到一幅幅连贯的立体画面，并感到景物扑面而来，或进入银幕深凹处。

4D电影

　　是立体电影和特技影院结合的产物。除了立体的视觉画面外，放映现场还能模拟闪电、烟雾、雪花、气味等自然现象，观众的座椅还能产生下坠、震动、喷风、喷水、扫腿等动作。这些现场特技效果和立体画面与剧情紧密结合，在视觉和身体体验上给观众带来全新的娱乐效果，犹如身临其境，紧张刺激。

小成本只能在中国实现

　　如同《2012》中的诺亚方舟只能在中国制造一样，中国人的智慧加勤劳成就了很多不可能完成的事业和任务。一如当年的二万五千里长征、大庆油田的铁人精神，八分钟石油梦想也同样创造了一个奇迹，再次验证了中国的力量。

　　外行看热闹，内行看门道，所有看过《石油梦想》的人都会不由地竖大拇指，而专业电影人在了解到《石油梦想》的造价时则是第一时间惊掉了下巴。曾有一个好莱坞的3D团队，从策划团队到导演团队到动漫制作团队到音效团队，一行浩浩荡荡专程到世博会观摩3D影片，在石油馆里认真地看了两遍《石油梦想》后异常兴奋，溢美之词、赞叹之声不绝于耳。当聊起这个电影花了多长时间、多少成本之后，所有人瞪大了眼睛立时禁声，他们的眼神中写着三个字——不可能。在他们看来花三倍的时间、四倍的造价还不一定能够完成。

　　花很多钱，用很长时间，做出很牛的东西，已经很不容易；用有限的钱，在有限的时间，完成看似不可能的杰作，恐怕只有中国人能行。

阿凡达
团队驾到

一部《阿凡达》在全球创下了25亿美元的天价票房，也创造了3D电影神话。据统计，《阿凡达》65%的海外票房和80%的北美票房都来源于3D放映厅，毫无疑问，3D技术在《阿凡达》的巨额票房上起了很大的推动作用。一时间，人们对其票房的关注转入了对其制作团队的顶礼膜拜。在某电影论坛上，有业内人士曾将参与《阿凡达》特效制作的来自美国、英国、加拿大等国的数十家公司悉数列出，其特效制作的分工之细，令人叹为观止。这就是世界顶尖的技术，而只有顶尖的技术、专业的团队才能创造诸如《阿凡达》一样的精品。

在上海世博会上，石油馆的4D影片《石油梦想》赢得了广泛的赞誉，人们习惯用"比《阿凡达》还酷"来表达自己对这部4D短片的喜爱。不过，这部超震撼的4D影片正是阿凡达制作团队的最新力作。

2009年，《阿凡达》部分制作团队来到中国，这一次他们是为了《石油梦想》而来。同时赶来的，还有来自中国、加拿大、日本、韩国、新加坡的几十家制作公司，分工承担部分镜头的三维高仿真动画的设计制作和后期加工。他们中有4D技术的开创者、美国导演Rusty Lemorande；有美国著名主题公园技术制作公司 On Track Themes的创办人Mark Thomas；在三维摄影领域获过诸多奖项的德国的立体师Florian Maier；有参加过很多好莱坞和韩国大片制作的美籍韩裔立体摄影师Hwang Ki Suk……

尽管《石油梦想》只有短短的八分钟，但是在石油馆合作方派格太和环球传媒的整合下，《石油梦想》的创作方式完全是好莱坞大片式的。这是一次中国人主导的大片，中国在主导位置，以项目的方式牵头，嫁接西方一切先进的技术和团队，做出了打着中国品牌的产品，让"中国制造"有了更深的含义。

30000：4

几乎所有看过石油馆4D影片《石油梦想》的观众都会遗憾：八分钟太短了。然而这八分钟，却是创作团队整整一年的心血。

作为中国4D电影的开山之作，《石油梦想》只能在摸索中前进。为了保证影片的质量，十度更换导演，放在娱乐圈，恐怕已是最大的"换导风波"了。为了拍摄，创作团队走遍祖国大江南北，北至黑龙江大庆，东到渤海，南至南海，西至新疆，历时半年多拍摄了超过30 000分钟的立体画面。在-30℃的大庆，机器都冻得不干活了，工作人员拿被子捂、用电吹风吹，坚持继续拍摄；在浩瀚的大海上，航船在大雾中无法靠岸，音信廖无，在如今高科技、信息化的时代，失去联系这种事让岸上的人匪夷所思，让船上的现代人突然跌回天苍苍、水茫茫的蛮荒时代，"石油梦想"还没开拍，而拍摄团队的"真人秀"已猝不及防地上演了。

然而为了追求画面上的精益求精，最终呈现给观众的影片中实拍画面只采用了将近4分钟，剩余的4分钟完全采用电脑特技制作完成。或许有人会说，这是对财力、物力、人力的极大浪费，但是作为中国人自主拍摄的第一部4D影片，石油馆知道自己肩上的责任：在世博的舞台上，中国人的第一部4D影片，必须出彩。只能做好，不能失败。

意识决定行动，行动决定结果。30000:4是《石油梦想》的实拍片比，更是中国人创造的一种态度。

双通道
勇敢的"新"

成功是相对的，它取决于我们如何收拾自己制造的残局。

——T·S·艾略特

作为国内第一个自主拍摄的4D影片，《石油梦想》创作的过程就是一个不断发现问题，也不断创造第一的过程。

4D电影的创作，不仅仅是电影本身的拍摄问题，而是一个综合了影片拍摄制作、影院屏幕及播放设备、座椅与画面配合等全方位的系统工程。任何一个环节出现纰漏，都会影响影片的最终效果。

石油馆4D影院遇到的第一个技术难题就是4D融合问题。从电影专业角度讲，屏幕如果做大，需要做六台机器，一般采用三通道，那么中间主通道是没有接缝的，肉眼观看是没有问题的。而石油馆经过多次测试决定采用双通道，这样一来，接缝正处于屏幕中间，会出现15%的融合区，在融合区里相当于有两个左眼、两个右眼，如果设备不过硬或者管理维护不过硬的话，最终这个区域的图像就会产生双影或模糊。采用双通道播放4D影片，这在世界上是第一次尝试。严谨的德国专家起初对融合的效果也有所担心，不同意采用双通道的方式，认为给后期维护和管理造成了太大的麻烦，因为稍微的振动，哪怕是工作人员在播放机房里轻微的走动，都有可能对机器的振动产生影响，进而影响影片的播出效果，还包括温度、湿度、洁净度的控制，这些大量的后期维护工作，在世界级的专家们看来是不可能做到万无一失的。

创新，对石油馆而言，已经不是第一次了，"反复实验"、"大量维护"，在石油馆工作人员看来，只要是"人"能够做到的，就不是问题，于是他们决定冒着风险继续前进。

在经过无数次的测试之后，所有的误差被缩减至最小，成像的失误概率已经微乎其微。即使如此，为了防范可能的问题，石油馆还准备了大量的小礼品，以应对设备故障影片停播期间给观众造成的损失，不过最终这些小礼品一次也没有派上用场。中国人用自己的严谨、认真与勇敢又一次完成了创新年，让不可能完成任务成为现实。

（1）什么是4D电影

所谓4D电影，也叫四维电影；即三维的立体电影和周围环境模拟组成四维空间。观众在看立体电影时，顺着影视内容的变化，可实时感受到风暴、雷电、下雨、撞击、喷洒水雾、拍腿等身边所发生与立体影象对应的事件,4D的座椅是具有喷水、喷气、振动、扫腿等功能的，以气动为动力。环境模拟仿真是指影院内安装有下雪、下雨、闪电、烟雾等特效设备，营造一种与影片内容相一致的环境。

4D影院最早出现在美国，如著名的蜘蛛侠、飞跃加州、T2等项目，都广泛采用了4D电影的形式。近年来，随着三维软件广泛运用于立体电影的制作，4D电影在国内也得到了飞速的发展，画面效果和现场特技的制作水平都有了长足的进步，先后在深圳、北京、上海、大连、成都、长春等地出现了几十家4D影院。这些影院大都出现在各种主题公园（乐园）、科普场所中，深受观众和游客的喜爱。

（2）4D技术设备

4D影院的银幕

从视觉角度讲，采用180°的柱面环幕立体影像——它是指银幕保持在有相同圆心的一段弧度上，而不是一个平面（平幕）上。银幕的高宽比例为16：9。柱面3D物体运动影视范围大为扩展、开阔视野，摆脱了平面视觉束缚，使影视空间和现实空间更为接近，并且可以产生横越、环绕等多种运动方式，从而产生时空变换的感觉。

立体眼镜

偏振光眼镜或红蓝立体眼镜

针对柱面画面效果的需要，专门设计和制造了适合于观看柱面电影的柱面偏振光眼镜（"立体眼镜"）。使观众看到的影片左眼和右眼的图像不同，这样反映到人脑中的影像就是3D立体影像，从而创造置身其中的立体视觉空间。

特技座椅

动感座椅根据影片的故事情节包含由计算机控制做出五种特技效果：分别是坠落、震动、喷风、喷水、拍腿。另再配以精心设计出烟雾、雨、光电、气泡、气味、布景、人物表演等，从而调动了人的所有感知系统，使人真正走进影片情节。由于在四维影视中的电影情节结合了以上的特技效果，将观众与现场感受紧密地结合在一起，所以观众在观看4D影片时能够获得视觉、听觉、触觉、嗅觉等全方位的感受，体验身临其境、如梦如幻的感受。

第四节 | 爱上石油馆

"美好生活，感谢石油"——易中天

申博男孩
最爱石油馆

从3岁到10岁，申博男孩张骋昊经历了整个上海世博的成长过程，也成为世博的一道小风景。小小年纪的张骋昊却有着不俗的见地。上海世博会上他一共看了30多个展馆，他坦言最喜欢石油馆。

"不仅是因为石油馆有一部精彩的4D电影，更是因为它通过一种非常轻松的方式向大家传递了节约能源的理念，我觉得这是非常难得的。"——申博男孩这样评价石油馆。

链接 | Links ▶

张骋昊的世博路
2000年：3岁半的张骋昊为上海世博拍摄"申博"海报。
2005年：参观日本爱知世博会。

易中天
品石油

纵论三国天下大事，细品英雄成败得失，遍览世博"东"成"西"就，漫说石油是非功过。

易中天品三国，独辟蹊径，已是天下闻名。

2010年9月27日，易中天教授参观石油馆，并为石油馆留下"美好生活，感谢石油"的题词。

朴实的八个字背后是一种朴实的情感，唯有这种朴素的情感才更具有持久动人的力量。

美好生活
感谢石油
易中天
二〇一〇年九月
二七日

世博期间，成龙和房祖名这对父子兵相继来到石油馆，引起了不小的轰动。

2010年5月13日，国际巨星成龙驾到，人群立刻沸腾。而成龙进入石油馆后感受到的震撼，丝毫不亚于粉丝见到他的惊喜。在倒置家庭空间前，成龙兴致盎然，伸手摸摸桌子一角，惊诧于这个空间里所有东西都与石油脱不了关系。面对人的一生"吃、穿、住、行"需要消耗的石油数字，这位巨星感叹不已。

相对于父亲对数字的敏感，房祖名显然对生动的塑像和震撼的4D影像更感兴趣。房祖名特意与石油工人王进喜的塑像合影留念，表示在当时那样恶劣和困难的环境下，中国石油工人的精神真的很让人敬佩，大有发扬铁人精神的决心。小房子用一句"感觉忽冷忽热"来形容石油馆4D电影，估计是石油的故事让他"恐惧"兼热血沸腾。

有油友一样！

成龙
2010

上馆
父子兵

世博奶奶
四进"宫"

　　"世博奶奶"可是上海世博会上的名人，这位日本老人因自己对世博的热爱和执著赢得了大家的钦佩和喜爱。在她92天两个大满贯的世博历程中，世博奶奶四度走进石油馆，而且每一次都是自己排队，最长的一次，她和儿子在石油馆前排了整整5个小时。

　　以"世博奶奶"的知名度，绝对可以免排队走VIP绿色通道，但是在"世博奶奶"看来排队也是参与世博的一种体验，要想体验原汁原味的世博，就得尝尝排队的滋味。

　　相比于很多人千方百计走VIP通道的行为，"世博奶奶"无疑赢得了更多的尊敬与赞许。这个可敬的老太太，用自己的行动教会我们，执著和坚持的意义，同时也让我们懂得不走捷径，从容地、自然而然地去感受，才能领悟到真谛。

国际展览局主席蓝峰

挪威石油和能源部部长
特杰恩·约翰森

泰国公主诗琳通

缅甸外长吴年温

津巴布韦副总理
Arthur G. Mutambara

哈萨克斯坦副总理舒克耶夫

斐济总理姆拜尼马拉马

阿尔及利亚驻华大使
Djamel Eddine Grine

卢森堡大使柯意赫
（CarloKrieger）

韩国丽水副市长
Chumg inhwa

博茨瓦纳民主党主席
Daniel Kwelagobe

吉尔吉斯坦外长
鲁斯兰卡扎克巴耶夫

菲律宾能源部
原副部长马尼拉克

俄罗斯地方媒体联合会主席
伊利亚申科·安德烈·瑞塔利耶维奇

沙特教育部长Ai Rasheed

石油馆名人榜
国际粉丝

明星粉丝

"石油馆很棒，是我看过的最好的展馆，4D电影与展览都非常不错，石油馆很棒！"——上海观众王鹏

有话要说

——观众留言花絮

"石油馆太好了，要保留石油馆，让更多的人参观。"
——上海游客王耀兴

"石油馆的等待时间虽然很长，看了之后觉得值，确实很棒、很精彩！"
——湖南长沙游客刘晓英

"我们真的要从我做起，保护环境，珍惜石油。"
——陕西游客诗施

"石油馆是我看到过最好的展馆之一，展示了生活与石油的关系，这种展示方式很新颖，4D电影更是好看，石油馆真好啊！"
——韩国游客李敏捷

"4D电影非常好看，看的很过瘾，我还想再看一遍，石油馆真棒啊！"——澳门游客王鸣青

"石油馆的4D电影是我看过的最精彩的，并且让我真正了解了石油石化和我们生活的关系。"
——台湾游客李方明

"石油馆很热门，今天算知道为什么那么受欢迎了，4D电影与展览很好看，长知识，长见识，果然是名不虚传啊！"
——重庆游客刘芳芳

"石油馆很有看头，石油馆的4D电影精彩，展览很棒，七彩生活离不开石油，石油馆外形别致，拍了很多的照片，不愧是一流的展馆。"——兰州游客高明亮

"石油人太伟大了！这样精彩的展馆为中国人争了气，也证明了我们国家的逐渐强大。"

——福建游客周颜妍

"石油馆的排队时间很长，早就听说石油馆很棒，看后觉得果然名不虚传，4D电影和其他展品展项把石油完全融入人类生活，展示得淋漓尽致，石油馆真棒！"

——新疆游客纪晓明

"看了石油馆才知道，原来石油与我们的生活竟然有这么大的关系，尤其4D电影给我们上了一堂生动的石油知识课，受益匪浅。"

——云南游客刘永

看了那么多的展馆，石油馆是我的最爱，石油馆的4D电影很刺激，展示手法很新奇，要说最好的展馆是石油馆，我举双手赞石油馆。"

——贵州游客王小军

"石油馆的展览太好看了，用衣、食、住、行来展示生活与石油的关系真是有创意，4D电影更好看，石油馆做的真好！"

——吉林游客韩雅冶

"石油馆排了8个小时才进来，真的很辛苦，但我觉得4D电影真的很精彩，还是值得的。"

——大连游客于海涛

"石油馆的4D电影真的是名不虚传，精彩刺激程度超过了我的想象，我感觉比所有的场馆都好看，石油馆为中国人争了光。"

——海南游客黄明涛

"石油馆的4D电影太惊险、太刺激了，不仅精彩，而且让我深入了解了石油，深刻记住了石油。"

——内蒙古游客孟庆飞

"看石油馆不容易，但是4D电影的惊险、刺激，展览也很精彩，觉得来石油馆很值，石油馆真棒！"

——山东游客周勇

"我是第一批进入石油馆的，也是专程为感受4D电影而来的，电影确实很精彩、刺激，整个展览过程都很好看，也很长见识，石油馆办的真好。"

——河南游客赵紫燕

"我第一次来的时候排了7个小时，可快到入口处时因为学校集合不得不放弃，看着入口我含泪离开。今天第二次入园，我终于进入石油馆了！"

——厦门小朋友黄经成

第三章

一滴油的前世今生

Chapter 3

第一节 | 我是一滴油

我是一滴油。人类把我叫做"石油"，而且认为我非常重要，有成语为证——"油"为可贵。

我当然也为自己的身份而骄傲，因为我是很有背景的，可以说大有来头。接下来的时间，我准备用深入浅出的语言来告诉你我的前世今生。

先概述一下，在古老的地质年代里，古代海洋或大型湖泊里的大量生物、动植物死亡后，遗体被埋在泥沙下，在缺氧的条件下逐渐分解变化。随着地壳的升降运动，它们又被送到海底，被埋在沉积岩层里，承受高压和地热的烘烤，经过漫长的转化，最后形成了我这种液态的碳氢化合物。

了解我的诞生，有几个关键部分你需要了解。一是地球的组成部分，二是地质年代的划分，三是生物的诞生。

地球是由外部圈层和内部圈层两大部分构成的。外部圈层包括大气圈、水圈和生物圈；内部圈层包括地壳、地幔和地核三部分。地壳（音翘）是内部圈层的最外层，由风化的土层和坚硬的岩石组成，所以地壳也可称为岩石圈。地壳只占地球体积的0.5%。如果把地幔、地核比作蛋清和蛋黄，那地壳就像蛋壳。

地质年代（geologic time）就是指地球上各种地质事件发生的时代。它包含两方面含义：其一是指各地质事件发生的先后顺序，称为相对地质年代；其二是指各地质事件发生的距今年龄。这两方面结合，才构成对地质事件及地球、地壳演变时代的完整认识，地质年代表正是在此基础上建立起来的。根据生物的发展和地层形成的顺序，按地壳的发展历史划分的若干自然阶段，叫做地质年代。"宙"、"代"、"纪"、"世"分指地质年代分期的第一级、第二级、第三级、第四级。地质年代分期的第一级是宙，分为隐生宙（现已改称太古宙和元古宙）和显生宙。估计这会儿，你一定已经头脑发晕了。我给你列了一个表，估计聪明的你一定能看懂。

代	纪	世	距今大约年代 （百万年）	主要生物演化
新生代	第四纪	全新世	现代	人类时代　现代植物
		更新世	0.01	
			2.4	
	第三纪	上新世	5.3	哺乳动物　被子植物
		中新世	23	
		渐新世	36.5	
		始新世	53	
		古新世	65	
中生代	白垩纪	晚 中 早	135	爬行动物　裸子植物
	侏罗纪	晚 中 早	205	
	三叠纪	晚 中 早	250	
古生代	二叠纪	晚 中 早	290	两栖动物　蕨类
	石炭纪	晚 中 早	355	
	泥盆纪	晚 中 早	410	鱼　蕨类
	志留纪	晚 中 早	438	
	奥陶纪	晚 中 早	510	
	寒武纪	晚 中 早	570	无脊椎动物
元古代	震旦纪		800	古老的菌藻类
			2500	
太古代			4000	

显生宙

元古宙

太古宙

从38亿年到26亿年前，地球已经形成了水圈和气圈，还有最古老的原始大陆。不过那时地球还是一个"热气球"，那时地球上还没有真正的生命。好吧，或许不该这么说，其实在温暖的浅海里有一些原始细菌在活动。不过，我认为对我的生命而言，最重要的是寒武纪。

叫它寒武纪，不是因为那个时候很寒冷，寒武是英国威尔士的拉丁语名称，这个纪的地层首先在那里发现，于是由此得名。

寒武纪是古生代的第一个纪，约开始于5.7亿年前，结束于5.1亿年前。哦，那是太遥远的过去了。人类曾经有一部片子幻想遥远的未来地球成为一个水的世界，叫做《未来水世界》，其实，在同样遥远的过去，寒武纪时期，地球就是一个水世界。那时候，发生了广泛的海侵现象，"海侵"不知道吧，你可以理解为海洋侵占陆地，反正，那时候海洋的面积进一步扩大，而且地球的总体环境也变得温暖，温暖的海水为生物的生长创造了条件。就是在这个时期里，生命开始大爆发。地球上开始突然涌现出各种各样的动物，最显著的特点就是具有硬壳的不同门类的无脊椎动物如雨后春笋般的出现，最主要是三叶虫大量繁育，所以那个时候也被称为"三叶虫时代"，同时还有节肢动物、软体动物、腕足动物、古杯动物以及笔石、牙形刺等。

从寒武纪开始的整个古生代，层出不穷的海洋生物"集体亮相"，美丽的珊瑚礁也开始出现。再后来鱼类大量繁殖，陆地上也开始出现一些低等的植物。不过那

寒武
水世界

时的地球还是非常干热的，所以有些地方的水就被蒸发掉了，水里的鱼就慢慢地爬上岸，钻到了树林里，它们的鳍在不停地爬行中逐渐强壮，变成了四肢，它们就变成了两栖动物。两栖动物可以在陆地和海洋两种环境中生存，适应能力更强了。呵呵，所以说，生命在于运动，是有道理的。

我之前告诉过大家，我是古代海洋或大型湖泊里的大量生物、动植物死亡后经过成百上千年形成的，寒武纪是古生代第一纪，它带来了生命的繁盛。所以我要感谢地球，感谢寒武水世界，感谢她孕育了生命。当然，我还必须像那些远古的生物致敬，在我看来，它们"生的伟大，死的光荣"。

嗯，据说为什么生命会在寒武纪大爆发至今仍被国际学术界列为"十大科学难题"之一，所以我还是别说太多了，保持一点儿神秘感。

不过，我还必须要提一下的是，古生代的最后一个纪，它对我来讲也非常重要，那就是二叠纪。这时候，地球上的海水温暖而又清澈，喜欢生活在浅海的各种钙藻和海绵动物大量繁殖，它们死后又被藻类缠绕包覆，天长日久，就形成了厚厚的礁体。这些礁体里含有许多生物碎屑，碎屑之间经常形成粒间孔隙。这些碎屑和孔隙为我的形成和储集创造了条件。如果没有它们，我就无处藏身，就不能很好地保护自己，也许你们今天就见不到我了。

重返
侏罗纪

距今1亿9960万年前到1亿4550万年前，这是我经历过的一个美好时代。侏罗纪末期，全球更暖，产生了"温室效应"。海平面反复升降，但是随后逐渐上升，淹没了大陆海岸区域，当大量的水涌进内陆，产生了广阔的浅海陆架。这个温暖的阳光充足的水体是日益增长的各种复杂的海洋生命理想的繁殖基地。

面对着一片茂盛的森林、一望无际的海洋，我终于摆脱了气候干旱、季节性变化大的痛苦，可以徜徉在温暖的海洋中、感受着和煦的阳光带来的惬意，也可以在温暖如春的四季去看看我的新朋友们。陆地上较占优势的植物是裸子植物的柏柏纲，它们是大型森林的主要组成部分；陆地上主龙类爬行动物，包括圆顶龙、迷惑龙、梁龙、腕龙；在空中，翼龙目成为常见的飞行动物；到了后来，第一种鸟类出现了，它们演化自小型虚骨龙类恐龙。而海洋中，红藻也开始出现了。

优势陆栖脊椎动（后人称作为恐龙）是这个时代最重要的生物，它们极为庞大、多样。其中有草食性动物，也有肉食性、杂食性动物。有些恐龙双足行走，有的四足行走，还有一些如砂龙和禽龙可以在双足和四足间自由转换。许多恐龙的身上具有鳞甲，或是头部长有角或头冠。尽管恐龙以其巨大体型而著称，但其实许多恐龙的体型很小。大部分兽脚类恐龙的体重在100～1000千克之间，最高的恐龙是18米高的波塞东龙，最长的肉食性恐龙是棘龙，身长为16到18米，重量为8350千克，最重的巨体龙体重可以达到175～220吨，最小型的成年恐龙是近鸟龙，体重为110克左右，最小型的草食性恐龙则是微角龙与皖南龙，身长约为60厘米。恐龙无论体型大小，它们对陆地生活的适应性堪称卓越。

"适者生存"仍旧是生活这个年代不变的法则，在这个森林充满高大针叶林、草原上以蕨类、大型苏铁、本内苏铁目为主的世界，各类陆续出现的爬行动物开始渐渐以此为食。

良好的环境和和谐的生态平衡，是侏罗纪生物赖以生存的基础。

白垩纪
毁灭与生存

白垩纪是恐龙生活的最后一个纪，是地球上曾经最幸福和谐的时代，也是地球景观发生巨大变化的时期。在海面达到创纪录的高度后，各个大陆的形状和今天的已经非常相似。洋变化使地球变成一个"温室"，在这温暖的环境下各种生命不断繁衍。开花的植物出现了，蜜蜂开始采蜜，蚂蚁学会搬家，巨型蜥蜴与巨大的海龟一起在海洋里游泳，翼龙展开达几米的双翼在空中翱翔……

然而，好景不长。火山爆发导致了缺氧事件，海洋生物大量灭绝，据说这为我的形成提供了丰富的有机质。大约6500万年前，地球生物遭遇到了一次最严重的毁灭事件：恐龙从陆地上消失了，海洋和空中的许多其他类型的动物也消失了，包括巨型海生爬行动物和会飞的爬行动物统统都消失了。

人们无数次地猜测导致这次毁灭性灾难的原因。科学家也提出许多种理论来解释恐龙的死亡——从极冷的天气到胃部胀气。而人们更愿意相信的一个说法是：6500万年前，一颗巨大的小行星撞击了地球。这次撞击所释放的能量相当于一亿氢弹爆炸释放的能量，引起了里氏10级地震。由于碰撞而挖掘出来的岩石被反推回来，穿过大气形成巨大的蘑菇云。在撞击发生的10个小时之后，巨大海啸横扫地球，淹没了一部分幸存的生物，并引发众处大火。烟尘遮天蔽日，天空变得灰暗，阳光被遮住，地球逐渐变冷……

古生物的遗体就这样沉入海底、埋入地下，在缺氧的状态下，不断被分解，在高压下经受裂变的痛楚，在地热的炙烤下承受煎熬，并随着地壳的一次次运动，不停地迁移，最终聚集在沉积岩层中。亿万年过去了，我凝聚着它们的巨大能量，在地底下默默等候，等候人类发现我，因为那些曾经美好的生命和伟大的牺牲，我要发挥我最大的力量，让地球变得更加美好。

王菲《寒武纪》歌词

故事从一双玻璃鞋开始
最初灰姑娘还没有回忆
不懂小王子有多美丽
直到伊甸园长出第一颗菩提
我们才学会孤寂
在天鹅湖中边走边寻觅寻觅
music
最后每个人都有个结局
只是踏跛了玻璃鞋之后
你的小王子跑到哪里
蝴蝶的玫瑰可能依然留在
几亿年前的寒武纪
怕镜花水月终于来不及
去相遇
来
来
来~~~~~~~~
来
来
来~~~~~~~~
music

亦舒散文集《寒武纪》

亦舒的散文集。她说，勇敢的人一样可以哭，且哭完又哭，不过，他们哭完之后，擦干眼泪，会站起来应付生活，而懦弱的人，则从此一蹶不振。

书摘：

　　有人喜欢戴首饰，有人不。纯属嗜好，戴得好看与否，同财产多寡没太大关系。经济如果不能独立，则啥子都不用误，衣食住行全靠他人施舍，却口口声声不愿做附属品，哀莫大焉。没有才，没有情，要什么性格，不如好好珍惜手头已拥有的人与事，失意之际，练习忍耐。走，一开门就可以走掉，门嘭一声关上，门锁立刻嗑掉，再也回不去。武艺高强者当然不怕，此处不留人，自有留人处，练得身手才衣锦还乡，扬眉吐气。走之前要研究一下个人能力。

　　午夜梦回，有没有发觉前半生所有抉择均属错误，但是，即使重新生活一次，也只得做出两样选择，因为，其实人生并无选择？生活必经之途宛如迷宫，每逢叉路，即需抉择：左或右、东或西，从此天南地北，回不了头，深入迷津。工作是自己的好，理应另起炉灶，长久计，夫唱妇随，或如唱夫随，终有一方升为形，另一方沦为影，不甚健康。

　　天下无理想之伴侣这回事，如果一个人一件事好得不像真的，大概也不是真的。人们爱的是一些人，与之结婚生子的，又是另外一些人。

电影《侏罗纪公园》

著名的电影《侏罗纪公园》已拍到第四部。

《侏罗纪公园》（Jurassic Park）是一部1993年的科幻冒险电影，由史蒂芬·史匹柏执导，改编自麦可克莱顿于1990年发表的同名原著小说。《侏罗纪公园》至2007年为止仍名列全球票房榜前十名之内，首集票房成功之后并发展成系列电影。

作为旅游景区，侏罗纪公园坐落于我国四川射洪。

3D电影《回到白垩纪》

《回到白垩纪》由IMAX公司联手《冰河世纪》系列的特效动画制作公司蓝天工作室全力打造。讲的是少女爱莉是恐龙研究的爱好者。一次，在她父亲工作的博物馆里，她失手将一枚恐龙蛋化石跌落在地，引发出一段梦幻般的奇遇，把爱莉带回到霸王龙生存的白垩纪，看到各种各样的恐龙，并与一只高七米、重十五吨的霸王龙相遇，而各种危险也接踵而来。

这部电影也是IMAX巨幕电影史上最卖座的电影之一，全球票房劲收一亿美金。恐龙的号召力的确非同一般，6月1日上映当日便在华星国际影城拿下七万元人民币票房，成绩胜过许多好莱坞大片的IMAX巨幕版。

第二节 魔鬼的汗珠

魔鬼的
汗珠

在国外，石油被称做"魔鬼的汗珠"，还有人把它叫做"发光的水"，在我国则被称为"石脂水""猛火油""石漆"等。

据记载，古希腊时期人们就已经使用石油产品了，当时人们称之为"石脑油(Naphtha)"。也许是因为一场意外，如一次闪电将裸露在外的石油引燃，人们发现这种奇怪的黑色液体非常容易燃烧，并能放出大量的热量可以用来取暖。在古代，石油还曾经被当作一种建筑材料，用来建造船只和房屋。这是因为石油除了可以燃烧，还有很好的隔水效果。随后，石油被广泛地运用于照明和战争，例如，将它涂抹在弓箭之上，制作成"火箭"能增大弓箭的杀伤面积。

从考古界得知，使用沥青最古老的建筑物是印度河流域的一个澡堂，它建造于公元前4000年左右。据历史文物考证，在古巴比伦底格里斯和幼发拉底文化时代，苏美尔人还曾经使用沥青进行雕刻。公元前26世纪之前，美索不达米亚的一些大教堂，是用砖和沥青建筑的。公元前5世纪，在古波斯帝国，已出现了手工挖掘的石油井。公元前5世纪至公元前1世纪，在高加索山脚下、里海沿岸等许多地方都发现了油气田。

欧洲和美洲其他国家早期关于石油和天然气的资料不多。欧洲中世纪的书中仅有一些零星记载。公元11~13世纪，意大利北部摩德纳的圣凯瑟琳发现石油，西德巴伐利亚修道院中的圣奎里纳斯石油和奥地利的蒂尔萨斯石油亦已发现。拉丁美洲几个世纪前也发现了石油。巴西人16世纪就使用石油了。美国最早在1627年发现油泉，1807年开始用天然气制盐。俄国的巴库地区早在2500年前就有"巴库永恒之火"的故事，公元9世纪巴库和北高加索地区已有手工开发的商业油井，10世纪就开始有石油出口。

石油的工业价值是由一位美国工程师埃德温·德拉克(Edwin Drake)首先发现的。1859年，他在美国宾夕法尼亚州的泰特斯(Titusville)地区钻出第一口油井，并进行了商业性的开采。石油高效、经济、污染小的性能特点立刻引起了人们的关注，并逐渐成为继煤炭之后工业生产的主要能源。在不到两年的时间里，用于开采石油的大型油田就已经增加到了340个。1870年，美国商人洛克菲勒(Rockefeller)创立了美孚石油公司(Standard Oil)，它是第一家专门经营石油的大型企业，并一举发展成为世界最大的跨国石油公司。

沈括为石油命名

　　最早提出"石油"一词的是公元977年中国北宋编著的《太平广记》。在石油一词出现之前，国外称石油为"魔鬼的汗珠""发光的水"等，中国称"石脂水""猛火油""石漆"等。公元1080年北宋杰出的科学家沈括（1031~1095）奉旨到延州(今延安一带)做官。在他的名著《梦溪笔谈》中，详细地记述了他在延州试验石油的情况。有一天，他在回家的路上，走近泉水边，看见一种很像淳漆的黑色油状物，从水中向外慢慢渗出，一些人正在用罐子装。沈括问："这有什么用？"大家都说："点灯。"沈括也装了一罐子回家。回到家里立即进行实验。家人问他，这东西叫什么？他想了一会儿说："石油。"他又把烧出的烟灰放在砚台上，用它作墨，写下了"石油"二字。那字黑而有光泽，比松烟墨还好。他高兴极了，并且还吟了一首描绘石油的诗篇："二郎山下雪纷纷，旋卓穹庐学塞人。化尽素衣冬不老，石烟多似洛阳尘。"这是我国的第一首石油诗。之后，"石油"便逐渐驰名于世界。

第一口石油井之争

世界上第一口石油井是谁开凿的？这点颇多争议。原苏联人曾认为，世界第一口油井，是老沙皇时代的一个叫谢苗诺夫的工程师于1848年在黑海的阿普歇伦半岛的比比和埃巴德两地边境处开凿的。有一个叫洪拉沃夫的前苏联人，写了一本叫《石油的故事》的书，竟然说，俄国是世界石油工业之父、祖父和曾祖父，分布在世界上的石油井架，都是巴库石油井架的孙子和曾孙。

美国人曾宣布，1859年8月29日，美国人埃德温•德雷克，在美国宾夕法尼亚州、泰物斯维尔小镇打出的一口深21.69米油井，是世界第一口油井，并曾准备在1959年第五届国际石油会议期间，举行所谓世界第一口油井开凿100周年纪念活动。由于这一口日喷20桶乌黑闪光石油的油井，对当时美国社会环境下的经济和商业意义，后人称其"揭开了世界石油工业的序幕"，是"近代石油工业的发端。"

实际上世界上最早的气井和油井，都为中国人所开凿。英国著名学者李约瑟，在其所著《中国科学技术史》一书中写道："今天在勘探油田时所用的这种钻控井或凿洞的技术，肯定是中国人的发明"，并且说，这种古代深井钻井技术，于11世纪前后传入西方，甚至公元1900年以前，世界上所有的深井基本上都是采用中国人创造的方法打成的。

中国历史上的油井，见于元明时代。据《元一统志》记载："延工县南迎河有凿开石油一井，其油井燃，兼治六畜疥癣，岁纳壹佰壹拾斤。又延川县西北八十里永平村有一井，岁办四百斤，入路之延丰库"。《元一统志》成书于公元1286年到公元1303年之间，我们可以推断，石油井约在宋朝时代，就已经存在了，所以说，在距今700多年以前，中国人已经开凿出油井了。

这样说来，原苏联人所说沙皇时代谢苗诺夫1848年打出的第一口油井，距今不过155年，而美国人德雷克1859年打出的油井，距今才144年，他们出世的时间，都远远晚于中国人开凿的油井。

希腊火

公元668年，希腊裔叙利亚工匠佳利尼科斯将自己发明的"希腊火"带到拜占庭帝国首都君士坦丁堡，这种"秘密武器"用特制管子喷射，喷射时伴有浓烟和巨大声响，更能附着在船体、船帆和人身上燃烧，对敌人船只、士兵杀伤力巨大。公元678年6月，劣势的拜占庭用这种神秘武器围攻大破君士坦丁堡的阿拉伯舰队，歼灭对方三分之二的舰船，此后"希腊火"被称为"基督教世界的保护神"。如获至宝的拜占庭皇帝索性将"希腊火"的作坊放在皇宫里，进行严格的保密。在一场攸关生死的战争中，希腊火拯救了拜占庭。

公元718年初春，拜占庭与阿拉伯的生死较量开始了。君士坦丁堡城下的海湾中，停泊着1 800艘阿拉伯舰队的战船，密密麻麻的桅杆像青纱帐一样，铺满了整个海面。兵临城下的拜占庭主将利奥十分清楚，阿拉伯人一旦切断了海上补给线，君士坦丁堡就只能投降。他不动声色地命令将士们准备好希腊火。

第二天清晨时分，扼守金角湾的守望塔上鸣响了号角。拜占庭舰队升起将旗，勇敢地向阿拉伯舰队冲去。两支大军猛地撞在一起！拜占庭的兵力比阿拉伯人少好几倍，但是他们拥有一种强大的秘密武器——希腊火。只见拜占庭的战舰上，弩炮和弓箭一起发射。密集的火箭像雨点般飞向敌舰。猛烈的希腊火喷出长长的火舌，把阿拉伯人的战舰吞噬……阿拉伯人急忙泼水救火，火却越烧越猛！浓烟和烈火遮住了天空。阿拉伯的20万人的大军最后只剩下5艘战舰和不到3万人。

西方的军事历史学家评价说："这是一场挽救西方世界的决战。"而希腊火则是这场决战中的英雄。在科幻影片《时间线》中导演再现了"希腊火"的神奇。然而，实际上，这个神奇的战争武器已经失传了千年，失传的原因恰恰是因为它的威力强大。拜占庭帝国一直把它视为最高机密，它的配方只由极少数精心挑选的人掌握，而且只准记在心里，不准写在纸上。就这样，随着拜占庭帝国在15世纪被奥斯曼土耳其灭亡，神奇的希腊火也一起湮没在历史的废墟中，它也因此成为战争史上一个未解之谜。

在中国古代同样出现了类似"希腊火"的"猛火油"，这种"猛火油"主要成分同样是石油，以火药为引火装置。"猛火油"最大的特点就是越用水泼烧得越猛，因此很快有人打起了用"猛火油"攻城的主意。辽朝开国皇帝耶律阿保机计划进攻幽州(今北京)时使用，作为对"猛火油"攻城效果的尝试，结果被他的妻子、皇后述律平以"有失仁德"为由劝阻，北京城因此逃过一劫。由于"猛火油"不像"希腊火"那样可以发射，而是就地点燃，靠风吹、水漂杀伤敌人，打仗时要"听天由命"，后来的历朝水师改而发展火箭、火炮，而把"猛火油"束诸高阁。

"希腊火"或"猛火油"都是拥有"独立知识产权"的高精尖玩法，不少民族玩不起，就采用最简单的办法。阿塞拜疆人在中世纪的城防模式，就是建造很多高塔，居高临下，先泼石油，再扔火把，这种办法被中亚大国花剌子模广泛使用，使得后者成为著名的防御强国。耐人寻味的是，花剌子模的名城撒马尔罕，却也是被蒙古大军用泼石油的办法攻陷的，真可谓"成也石油，败也石油"。

中国古代第五大发明——卓筒井

它是中国古代的"第五大发明"！
它是"活着的恐龙"！
没有它，就没有海湾战争！
它被列入中国首批国家非物质文化遗产名录
……
它，就是被誉为"世界石油之父"的卓筒井！

　　享誉世界的大英县卓筒井，发明于北宋庆历年间（公元１０４１~１０４８年），已有近千年的历史。它的钻探技术，揭开了人类用钻井方法开发贮存于地下深处矿产资源的序幕。从此以后，地下的石油、天然气、盐卤等矿产在全世界的开发得以实现，并为人类所利用，从而引起了一场世界能源的重大变革，加速了人类文明历史的进程，加速了整个人类社会经济的迅速发展，促使了现代石油化工、航空、汽车、电力等多种工业的兴起。

　　中国卓筒井的钻井技术比西方早800多年，与火药、造纸、印刷术、指南针一样对人类做出了不可估量的贡献，因此，被公认为"世界近代石油钻探之父""开创了机械钻井的先河""中国第五大发明"。科技界对卓筒井有一个很形象的比喻："没有卓筒井，就没有海湾战争"。

　　20世纪80年代初，在温哥华召开的世界钻井技术研讨会上，俄国人声称钻井术是他们发明的，已有200年的历史；美国人也声称钻井术是他们发明的，已有300年的历史；当中国代表庄严宣告钻井术是中国人发明的，已有近千年的历史时，惊得与会外国人瞠目结舌。为了找到卓筒井"真迹"，让外国人心服口服，清华大学与自贡市盐业历史博物馆组成盐史考察队，根据北宋苏东坡、文同的记载对四川进行考察。考察队历尽千辛万苦，踏遍四川的山山水水，终于在大英找到了卓筒井。后来，大英卓筒井的全部生产工具模型在日本、欧洲展出，引起了世界科技界的轰动。

钻井技术的演变

起源于东汉章帝时期（公元76～88年）的人工挖掘，历经了近两千年历史。春秋战国时期的井深已达50余米，到唐朝时已超过140米，井的直径大约为1.5米，人可从井筒下到井底。井壁使用竹子和木材加固，人在井底手工操作，工程浩大、令人叹为观止。

从11世纪到19世纪中叶是用竹木做工具，以人畜做动力，冲击钻凿小口径深井的卓筒井阶段。北宋的庆历年间（公元1041～1048年）用"顿钻"凿成了"卓筒井"，直径有碗口大小，井深可达130米左右。它的发明创造开创了世界近代"绳式顿钻"钻井技术的先河，被称为钻井技术发展史上的第一次技术革命。

从19世纪中叶到20世纪初是用钢铁工具和设备、用蒸汽机做动力、进行冲击钻井的近代顿钻阶段。1842年，蒸汽动力用于石油钻井；1859年，德雷克使用蒸汽动力的绳式顿钻钻机钻出第一口具有商业开采价值的油井。绳式顿钻钻机此后独占主流，直到1920年才被旋转钻机所取代。

中国十大油气田（数据截至2009年底）

No.1 大庆油田（隶属中国石油）

2009年原油产量第一，油气总当量第一。

1959年，大庆油田发现并投产，1976年原油产量突破5000万吨，成为中国第一大油田，并保持稳产5000万吨以上27年，其中1997年达到5600.92万吨的产量高峰。

目前其产量依然稳居全国第一，占到全国原油总产量的21%，中国石油总产量的三分之一。

2009年，大庆油田天然气产量达到30.04亿立方米，未来产量还将进一步上升，有望成为大庆油田开发的第二支柱。

No.2 长庆油田（隶属中国石油）

2009年原油产量第三，天然气产量第一，油气总当量第二。

长庆油田主要作业区位于陕甘宁盆地，1971年发现，1975年建成投产，产量在140万吨的规模上徘徊了整整10年。直到20世纪80年代中期到90年代后期，随着一系列关键技术相继突破，长庆油田的发展迎来更为广阔的空间，2001～2009年年均增速达到14.84%。

天然气生产方面，2000～2009年年均增速达到29.3%，2009年产量达到189.5亿立方米，居全国第一。

按照中国石油的规划，到2015年，长庆油田将实现油气当量5000万吨，打造成中国的"西部大庆"。

No.3 胜利油田（隶属中国石化）

2009年原油产量第二，油气总当量第三。

1961年发现并投产的胜利油田，位于山东北部渤海之滨的黄河三角洲地带。1991年，胜利油田原油产量达到顶峰，年产量为3 355.19万吨。2009年原油产量为2 783.5万吨，位居全国第二。

No.4 塔里木油田（隶属中国石油）

2009年原油产量第十，天然气产量第二，油气总当量第四。

塔里木油田位于新疆南部塔里木盆地，1989年建成投产，原油产量逐年增长，2008年达到历史新高，为654.05万吨。2009年产量有所下降，为554万吨，居全国第十。

天然气生产方面，产量从2004年的13.56亿立方米猛增至2009年的180.91亿立方米，年均增速67.9%。塔里木油田是"西气东输"工程的主力气源之一。2009年，塔里木油田上交油气三级储量当量4.97亿吨，创历史新高，实现连续4年三级储量超过4亿吨。

No.5 渤海油田（隶属中海油）

2009年原油产量第四，油气总当量第五。

近年来，渤海海域的多个油气发现奠定了渤海油田的地位。作为我国最大的海上石油基地，渤海油田近年来产量逐年增长，2008年原油产量约1100万吨，2009年原油产量约1350万吨，位居全国第四，未来进一步发展潜力巨大。

No.6 新疆油田（隶属中国石油）

2009年原油产量第六，油气总当量第六。

1951年发现并投产的新疆油田，原油产量保持稳步快速增长，2009年为1089万吨，位居全国第六，但较2008年同比下降10.8%，是近年来的首次下滑。

天然气生产也基本保持了增长趋势，2009年产量36亿立方米，比上一年净增2亿立方米，显示出巨大的潜力。

No.7 西南油气田（隶属中国石油）

2009年油气总当量第七。

西南油气田是我国天然气开发较早的气田之一，早在1950年就开始生产天然气，主要分布在四川盆地和西昌盆地，现已成为我国天然气的主力产区之一。

　　西南油气田建成了我国首个年产量超百亿立方米的大气区，顺利实现"川气出川"，建成全国首个以生产天然气为主的千万吨级大油气田。2000年后，特别是2004年后，天然气产量急剧增长，从2004年的97.77亿立方米，增长到2009年的150.3亿立方米。

No.8 延长油矿（隶属延长石油集团）

　　2009年原油产量第五，油气总当量第八。

　　延长油矿位于陕北，属特低渗油藏。与其他九大油田不同的是，延长并非中央控股，而是陕西省政府直属单位，属于地方企业。

　　延长油矿2008年原油产量达到1090万吨，2009年达到1121万吨，居全国第五。

No.9 辽河油田（隶属中国石油）

　　2009年原油产量第七，油气总当量第九。

　　辽河油田位于辽河中下游平原以及内蒙古东部和辽东湾滩海地区，于1958年发现，1970年投入生产，投产后原油产量逐年增长，到1995年达到峰值，峰值产量为1552.31万吨，当时居全国第三。2009年产量为1000万吨左右，居全国第七。

　　在天然气生产方面，2009年产量为8.1亿立方米。

No.10 塔河油田（隶属中国石化）

　　2009年原油产量第八，油气总当量第十。

　　塔河油田位于塔里木盆地北部，1997年发现并投产，产量逐年增长，从当初的39万吨跃升至2009年的660万吨，天然气产量达到13.45亿立方米。

　　塔河油田的油气具有"深、稠、硫化氢含量高、开采难度大"等特点，该油田通过自主创新，增油效果显著。

No.11~No.20

　　根据2009年生产油气总当量排名，中国位列第11~20位的油气田依次为：中国石油吉林油田（686.6万吨）、中国石油青海油田（529.46万吨）、中国石油大港油田（528.02万吨）、中国石油华北油田（469.92万吨）、中国石化中原油田（362.96万吨）、中国石油吐哈油田（281.5万吨）、中国石化西南油气田（233.88万吨）、中国石油冀东油田（209.65万吨）、中国石化河南油田（192.05万吨）、中国石化江苏油田（175.55万吨）。

1. 石油的生成至少需要多长时间？（　）

A. 20万年　　B. 50万年　　C. 100万年　　D. 200万年

2. 如果时机成熟，下列哪些东西最有可能变成石油？（　）

A. 植物　　B. 海洋生物　　C. 岩石　　D. 水

3. 享誉"世界石油之父"的油井是（　）

A. 发明于北宋的卓筒井

B. 发明于南宋的卓深井

C. 发明于北宋的卓深井

D. 发明于南宋的卓筒井

4. 世界上第一家专门经营石油的大型企业是（　）

A. 美孚石油公司

B. 道达尔石油公司

C. 标准石油公司

D. 壳牌石油公司

5. 寒武纪的地层首先在那里发现？并由此得名。（ ）

A. 英国威尔士

B. 法国巴林

C. 德国柏林

D. 意大利罗马

6. 哪个时期的礁体为石油的形成和聚集提供了条件？（ ）

A. 白垩纪

B. 二叠纪

C. 寒武纪

D. 上世纪80年代

7. 被称为"基督教世界的保护神"是（ ）

A. 美国火　　B. 希腊火　　C. 德国火　　D. 法国火

8. 世界上第一座"柏油马路化"的城市是（ ）

A. 巴格达　　B. 君士坦丁　　C. 日内瓦　　D. 巴拿马

（答案：1D 2B 3A 4A 5A 6B 7B 8A）

第四章

Chapter 4

人人一本石油账

第一节 | 油是身上衣

70年代最普遍的还是土布衣裳 长春 时光照相

穿的确良衬衫拍订婚照是70年代末年轻人的"时尚"

一个时代的的确良记忆

灰蚂蚁一样的中国人

"新三年，旧三年，缝缝补补又三年"，"新老大，旧老二，缝缝补补给老三"，相信这两句顺口溜对改革开放之前出生的人来讲都不算陌生。"一家只有一床被，一条裤子轮流穿"，是五六十年代很多穷苦中国家庭的写照。穿的确良衬衫拍婚纱照是70年代末年轻人的时尚，但在当时棉布被叫做土布、粗布，是典型的物质匮乏时期的无奈选择。建国初期，粮食都不够吃，更没有足够的土地来种植棉花，棉花的产量非常有限，很难满足全国人民的生活需要。六七十年代，买布要布票，一人一年才十余尺，只够做一件单衣，一双鞋面，关键是你有票也买不到。对于大多数工薪家庭来讲，购置一身新衣是相当奢侈的大事，很多人结婚时才能做一身新衣服，而孩子们盼望过年，主要原因一是有肉吃，二就是有新衣裳穿。在这种经济条件下，对衣服款式颜色的过多要求如同天方夜谭。六七十年代的中国，清一色的"蓝、黑、灰"，一身"绿军装"就已经是最时髦的了，有老外形容当时的中国人

都像"灰蚂蚁"一样。

想穿"的确良"，宁可米勿量

20世纪70年代中期，"的确良"的出现，让中国人的穿衣面貌发生了巨大的改观。

在这之前的十几年间，命运多舛的中国除了经历了三年自然灾害和文化大革命，也传来了一些令人振奋的消息：1959年9月大庆油田出油了，而且还是世界级特大型陆上砂岩油田，这一发现一举摘掉了扣在中国脑袋上"贫油"的帽子。1963年12月，大庆油田原油年产量已逾400万吨，周恩来总理激动地宣布：中国石油基本实现自给。"农业学大寨""工业学大庆"，成为当时中国最响亮的两句口号，全国上下群情激昂，吃饱穿暖的美好生活仿佛正迫不及待迎面走来。然而此后不久，文化大革命爆发，长达十年之久，上山下乡闹革命，全国人民哼着"样板戏"、跳着"忠字舞"、穿着"绿军装"、高举"红语录"。直到1976年，文化大革命结束，中国的工农业生产秩序才逐步恢复。为了腾出棉花用地，增加粮食、蔬菜种植土地面积，更好地解决"吃饱肚子"的第一要务，1976年至1979年，我国开始大量进口化纤设备，目的是在吃饱之余能够让老百姓"穿暖"。全国各地的石油化纤厂高挂着"坚持完成毛主席圈阅的工程"的大标语，开始生产涤纶，再用涤纶织"的确良"布。"的确良"的布料很耐磨，洗涤后不熨也不会皱，还能染成丰富的花纹和颜色，很多地方买"的确良"的衣服还不要布票，因此很受欢迎。"的确良"，成了那个年代为数不多的"料子"，由此引发了国人穿衣的革命。

胡斐在《30年小事史 每个人的30年》（载于2008年11月26日《新周刊》）中生动地写道：关于"的确良"这种布料在中国受到的万人空巷式追捧，有一个段子可以说明问题：话说当年四川很缺"的确良"，一个小伙子一天看见大街上卖的确良布，就排了队去买，想给自己做件衬衣，轮到他的时候，只剩下一尺布了，他十分为难，售货员说："你买不买？不买下面的谁要？"小伙子一急，就买了，回家只好做了条内裤。他心想："这多冤呀，谁知

道我也穿了'的确良'啊？"就干脆在外裤上做了个牌子，上书"内有'的确良'"。一日内急，就找到个公用厕所，将牌子先解下来挂在门上，出来的时候，发现厕所外排成长龙，都在问："怎么等了这么长时间还不卖呀？"可见当时"的确良"风靡的程度。在上海的农村曾流传着这样一句顺口溜："想穿的确良，宁可米勿量。"有余姚的村民回忆，当年公社的老书记做动员时都会这样讲："我们的生活一定会越来越好。告诉大家一个好消息，再过两三年，我们每个人都能穿上的确良啦。"

"的确良"只流行了十年，十年间，中国的化纤纺织工业长足发展，"的确良"被日渐丰富的面料取代，人们的穿着越来越时髦，但是在很多人的记忆中，最难忘的还是当年的"的确良"。"的确良"是第一缕吹开中国人压抑沉闷之穿衣柜的春风，是中国人追求美的初恋，已经成为一个时代的记忆。

知识库 | Knowledge base

什么是的确良

"的确良"，一种化纤面料，挺括不皱、结实耐用。化学成分是聚酯，学名：对苯二甲酸乙二酯。

的确良是"decron"的粤语音译，广州人写成"的确靓"。靓是漂亮的意思，"的确靓"是典型的粤语译法，追求音近意佳的北方人改成"的确凉"，后来又改成"的确良"。

拜"纶"所赐

不是我不明白，这世界变化快。记得有个段子是这样说的：我们农民刚吃上肉，你们城里人又改吃素了。吃是如此，穿衣戴帽也是同样。好不容易改革开放30年，物质生活极大丰富，穿得上穿得暖了，街上却又流行"薄、露、透"了，布料越用越少，尺寸越来越小。好不容易服装面料琳琅满目了，款式丰富多彩了，人们又开始讲究穿"棉"、着"麻"、围"丝"，一心追求纯天然简约范儿了。你还真不要以为这是一种倒退，人类社会一直就是这么在折腾中曲折进步的。你也别抱怨，早知如此何必当初，既然要"薄、露、透"、既然要"棉、麻、丝"，为什么全世界迫不及待地发展化纤工业，省点石油，都种棉花，没准儿今天油价还能低点儿。要知道，人就是这样一种动物，头痛医头脚痛医脚，永远都在为解决当下最要紧的问题抓耳挠腮。没肉吃的时候馋肉，怕缺营养，等到猪把你养肥了，又怪人家给你整出脂肪肝了，可真到有那么一天一丁点儿肉也没了，照样流口水。

人类穿衣的追求也是分阶段的，先是遮羞，然后是御寒，最后才是美观，等到追求美这一层了，才开始有所谓的流行与时尚，在时尚圈儿里，把形式美琢磨了个遍之后健康舒适才占了上风。不过归根究底，得先解决全球60多亿人遮羞御寒的穿衣之需。这就不是一件简单的事情。

亚当夏娃的衣服是纯天然的，那一片惹祸的橄榄叶就是他们的衣衫，不过，你恐怕难以想象今天地球上将近70亿人都穿这种纯天然制品；孙悟空穿的是唐僧亲手缝制的虎皮坎肩，但是如果现在人类还要穿天然的皮毛来保暖，恐怕有皮的动物早就灭绝了，这就是为什么今天动物保护组织强烈"鄙视"穿裘皮的原因。在人类漫长的穿衣历史上，相继出现过树皮衣、兽皮衣、丝绸、棉、麻等服装制品，这些都是天然织物，在今天看来都是时尚而环保的，但是受自然条件限制，如土地，气候、动植物的生长等，天然织物的产量也就受到限制，因此根本难以养活不断繁衍的人类。你可能还是难免怀疑，影视剧里的"盛世"，到处金碧辉煌，个个华服霓裳，但是，不要忘记"朱门酒肉臭，路有冻死骨"，那些天然蚕丝制品也只能是少数富贵者的专利，那些盛世景象也不过是舞美道具的风光。更何况盛唐时期，

泱中华也不过只有5000万人口，到了新中国成立初期我们就已经有四万万同胞，而今天我们需要解决的则是中国13亿、地球70亿人的穿衣保暖问题。

尽管人类的选择往往迫于无奈，但是好在人类的智慧总是与时俱进，总是能够恰到好处地在需要的时候发挥适当的作用。人类在当年抓耳挠腮要解决的现实问题就是让更多的人穿上衣服，穿暖和了。天然织物不够用，那么就合成吧。合成纤维的生产可以随需而动，使人类在衣着上更有主动性。事实上，除了100%棉、麻、丝、皮毛制品外，几乎所有衣服都是被"纶"出来的。必须正视这一点，而我们（尤其是总嫌衣柜里少一件衣服的女人们）之所以能够有这么多的花色和品种时尚服装可以选择，甚至往大里说，我们能够脱离每天与人尴尬赤裸坦诚相见的危险，都是拜"纶"所赐。

我说的是"纶"，不是那个伟大的诗人拜伦。没有拜伦，世界诗歌史只是缺少《唐璜》的精彩，但是没有这个"纶"，世纪服装史和你的衣柜都会"彷徨"失色。涤纶、锦纶、腈纶、氨纶、氯纶、乙纶、维纶……别着急说你没听过，尼龙袜子知道吧？乔其纱现在叫雪纺，也很熟悉吧？莱卡面料，时尚吧？开司米毛衣，洋气吧？它们无一例外地是"纶字辈"的合成纤维，就是这些化学合成纤维让我们告别了赤裸，并大胆地追求各种时尚美。据统计，一个人的一生要"穿"掉290千克石油。假如没有石油，我们每人恐怕分不到一块遮羞布。如果你不信，就往下看。

石油

聚乙烯（PE）

聚丙烯晴（PAN）

聚氯乙烯（PVC）

聚丙烯（PP）

聚己内酰胺

聚乙烯醇（PVA）

聚酯（PET、PBT）

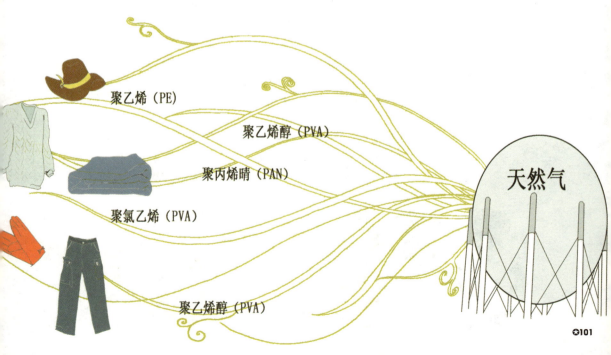
无与"纶"比的事实

（1）雪纺——乔其纱

很轻薄的一种面料,一种化纤面料,适合女士做夏装用。

现代时尚美少女们夏日里津津乐道的一个字眼——雪纺,有一丝柔柔的琼瑶的味道。穿上雪纺裙,蹬一双白色凉鞋,扮柔美的必备道具。

雪纺的学名叫"乔其纱"（来自法国georgette）。这个名字估计很多少女的妈妈们都很熟悉,因为,在20世纪80年代,妈妈们的少女时代,乔其纱包裹了她们羞涩的青春。所以,千万不要以为妈妈级的就老土哦,要知道"乔其纱"是20世纪80年代你妈妈就穿腻了的。

其实目前市面上的雪纺分为真丝雪纺和仿真丝雪纺两种,真丝雪纺的成分是100%的桑蚕丝,因此价格也不菲,所以并不普遍。而仿真丝雪纺,一般成分为100%涤纶,几乎和真丝雪纺一样轻薄、柔软,保持了良好的自然垂感,亲肤感觉也很不错。而且,它不易脱色,不怕暴晒,打理起来很方便（可机洗）,所以夏日里的雪纺风景线主要是归功于它。

雪纺保养方法:

不要将钉珠礼服长时间挂在衣橱里,否则柔软松弛的雪纺会下垂变形。

小心勿沾水。如果局部沾水,干脆浸泡洗涤,最后拉伸熨烫避免缩水。

洗涤后自然滴干不要用力拧干。

厚重装饰的雪纺最好是平放在衣橱里,这样不容易变形。

穿过一次的雪纺礼服不可放在塑料衣袋中,最好是放在布料的衣袋里,透气也不会沾染

聚乙烯（PE）

聚乙烯醇（PVA）

聚丙烯晴（PAN）

聚氯乙烯（PVA）

天然气

聚乙烯醇（PVA）

灰尘。

有袖子的雪纺衣服用衣架挂起来，最好是选用布料做的衣架，或者把衣架的两头用小毛巾包起来，袖子就不会变形了。

喷洒香水要注意离远一些，以免留下黄斑。

（2）莱卡（LYCRA）

一种合成纤维，主要成分是聚氨基甲酸酯。

你可能没听说过氨纶，但是你一定听说过莱卡，当然，我们这里说的不是老牌德国相机，而是你最喜欢的运动服里面的一种面料。莱卡，其实是聚氨基甲酸酯纤维的商品名称，美国、英国、荷兰、加拿大、巴西叫做Lycra，日本叫做尼奥纶（Neolon），德国则叫它多拉斯坦（Dorlastan）。由于杜邦公司在氨纶领域中占据市场独断地位，莱卡几乎就成了所有氨纶纱的代名词。在体操服、游泳衣这些具有特殊要求的服装中，莱卡几乎是必不可少的组成元素。许多设计师都愿意在自己的作品中用一点莱卡。也许，不仅是用了莱卡的服装相当时髦，这个词本身就带有强烈的时髦色彩。

只要是采用了莱卡的服装都会挂有一个三角形吊牌，这个吊牌也成为了高质量的象征。如果你足够好奇，回想一下所有你喜欢的汗衫、内衣、健美裤、运动衣、外套，是不是都有这么一个三角形的吊牌。

（3）开司米

过去是山羊绒的俗称，现在是一种化纤产品，洋气得叫开司米，国内叫腈纶，学名叫聚丙烯腈纤维。

20世纪80年代的上海，每逢节假日，中百一店里各柜台前总是人山人海，夹钱和票据的夹子在人们头顶上的一根铁丝绳上飞来飞去。那是全国上下痴迷上海货的年代，因此售货员们总是显得神气十足。一件上海的羊毛衫要17块钱，相当于工薪阶层半个月的工资。然而只要你稍有犹豫，售货员们就会露出不太耐烦的神情："要伐？！要伐？！这可是凯斯米"（要不？要不？这可是开司米）。

开司米其实是克什米尔的音译。在南亚次大陆的克什米尔曾经是山羊绒的集散地，15、

16世纪时期，克什米尔地区的居民用手将羊绒制成漂亮的披巾，这种产品美观大方，手感柔软滑腻，引起世界各地的重视，于是就以地名称呼这种原料。羊绒因为昂贵，在交易中以克论价，素有"纤维女王""软黄金"的称谓。1796年，阿富汗的克什米尔统治者送给来自巴格达的友人一条精美的开司米披肩，这条披肩辗转经过埃及到了拿破仑手上，最后进了约瑟芬皇后的衣橱里。从那时起，开司米就获得了西方人的心。欧洲皇家及富家女子一度把开司米当作了必备装束。

开司米曾被称为软黄金和面料的钻石。不过随着时间的流转和科技的进步，旧时王谢堂前燕早就飞入寻常百姓家。现在的开司米多指质地优良的细软毛纺织品了，而实际上，流行于百姓生活之中的开司米已经是一种化纤产品了，它在中国的名字，叫做腈纶。最早的时候，大多数的中国家庭都是买腈纶毛线打毛衣，有些巧手的妈妈会拆掉几十副白线劳动手套织一条裤子。

(1) 商标上的那些符号

涤纶：T、PET

锦纶：PA

腈纶：PAN

丙纶：PP

维纶：PVA

氨纶：PU

氯纶：PVC

再生纤维素纤维：VI CV/CUP

(2) 如何鉴别化学纤维

1. 棉、麻、粘胶：靠近火焰不缩不熔，接触火焰迅速燃烧，离开火焰继续燃烧。有烧纸的气味，少量灰白色灰烬。

2. 毛、蚕丝：靠近火焰收缩不熔，接触火焰即燃烧，离开火焰继续缓慢燃烧，有时自行熄灭。有烧毛发、指甲的气味松而脆的黑，不规则块状或小球。

3. 涤纶：靠近火焰收缩熔化，接触火焰熔融燃烧，离开火焰继续燃烧。有芳香族的气味硬的褐色小珠。

4. 锦纶：靠近火焰收缩熔化，接触火焰熔融燃烧，离开火焰继续燃烧。特殊的、带有氨的气味坚硬的褐色小珠。

5. 丙纶：靠近火焰收缩熔化，接触火焰熔融燃烧，离开火焰继续燃烧。轻微的沥青气味透明硬块。

6. 腈纶：靠近火焰收缩，接触火焰迅速燃烧，燃烧时有黑色烟冒出。特殊的辛辣刺激气味，坚硬的黑色球状。

7. 维纶：接触火焰收缩软化，接触火焰燃烧，离开火焰继续燃烧，有黑烟冒出。特殊的气味，黑色块状。

8. 氯纶：接触火焰收缩软化，接触火焰燃烧，离开火焰自行熄灭。带有氯的刺鼻臭味，不规则的黑色硬块。接触火焰收缩软化，接触火焰燃烧。

（3）巧去污迹

1. 酱油污迹：新的酱油污渍可在冷水中搓洗，再用肥皂等洗涤剂洗净；如是陈渍，可在温的洗涤剂中加入少量氨水（约2%)或硼砂洗净。

2. 茶及咖啡污迹：新迹可用洗涤剂溶液清除，陈迹可在水、氨水（几滴）、甘油配成的混合溶剂中清除；如果是羊毛混纺制品则不用氨水，用10%的甘油溶液揉搓后，用洗涤剂洗净。

3. 果汁污迹：用冲淡20倍的氨水洗，再用洗涤剂洗净；如果是新迹可先撒上食盐，滴上水使其溶解，过段时间用肥皂洗净。

4. 油漆、沥青污迹：用汽油或苯洗涤。陈迹可将脏的地方先浸在比例1:1的乙醚、松节油混合液中，待污迹泡软后再用苯或汽油洗涤，最后用温洗涤剂洗去残渍。

5. 霉斑：新的霉斑先用刷子刷清，再用酒精洗，最后用洗涤剂洗除；陈的霉斑则需先涂上氨水后搁置片刻，再涂上高锰酸钾溶液，最后用亚硫酸钠及水洗净，处理时要防止霉斑扩大。

6. 呕吐残渣：先用汽油在残渣上擦拭，再用5%的氨水擦拭，最后用水清洗。

7. 皮鞋油：可用酒精、松节油或汽油擦拭，再用肥皂洗涤。

8. 圆珠笔油：将污迹用冷水浸湿后，用苯、丙酮或四氧化碳擦拭；也可涂些牙膏加肥皂水轻轻揉搓，如有残迹用酒精洗净，不能用汽油洗。

9. 墨迹：先用清水洗，再用洗涤剂和饭粒一起揉搓，然后用纱布或脱脂棉一点点沾吸，污迹也可用牙膏和肥皂水洗涤。

10. 血迹：可用冷水和洗涤剂洗涤，如洗不净可用氨水洗，然后用萝卜汁、双氧水漂洗。

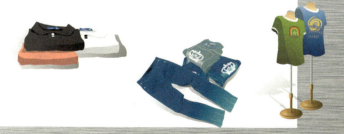

一个英国士兵的感谢信

在2003年3月的伊拉克战争中，30多名英军与100多名伊拉克武装分子相遇，有3名身穿防弹衣的英军中弹，其中一个人中了7发子弹未死，一人中了8发子弹未死，还有一人身中12发子弹，防弹衣很好，但因头部中弹而死。中了7发子弹的英国士兵退役后把这段经历放到网上，并由衷地感谢中国生产的防弹衣救了他的命。

没错，这件防弹衣正是由中国宁波的一家公司制造的。中国防弹衣一举成名，从此国际订单不断，销售量飙升。目前仅这家公司一年就可生产防弹衣20万件，几乎可以装备一个中型国家全部的军队，中国的企业已经成为世界最大的防弹衣生产商。除了满足中国国内公安、武警、保安的需要外，英国驻伊拉克部队、驻科威特部队、伊拉克新政府军队及警察、沙特阿拉伯部分军队、联合国维和部队都是使用中国制造的防弹衣。

可笑的是，就在20世纪90年代，生产防弹衣的关键材料技术还只有美国、荷兰、日本三国掌握，三个国家明确规定，对社会主义国家实行防弹衣材料的技术封锁和军备产品的统筹禁运。1999年，我国终于依靠自己的力量突破了这项关键技术。

指南针、火药、造纸术、活字印刷术，恐怕全世界没有人不知道这影响人类文明的四大发明是名副其实"中国造"。中国人从来不缺乏创新，诚然，在近现代工业化的进程中中国落后了，但是这流淌在血液中的创新精神并没有死掉，只要中国人凝神屏气、心往一处想、劲儿往一处使就总能创造奇迹。两弹一星，"神七"上天，中国不仅以世界工厂的物美价廉供养世界，也一样在高精尖的技术领域代表着世界水平。

挖出防弹衣中的石油

无论是防弹衣还是防弹头盔，其全部奥秘几乎都在于防弹材料的性能上。这个关键材料的名字叫做超高分子量聚乙烯纤维（简称UHMWPE)，又叫高强PE纤维，是当今世界三大高科技纤维（碳纤维、芳纶和超高分子量聚乙烯纤维）之一，也是世界上最坚韧的纤维。其"轻薄如纸、坚硬如钢"，强度是钢铁的15倍，比碳纤维和芳纶1414（凯夫拉纤维）还要高2倍。

在军事上这种材料被用于防护衣料、头盔、防弹材料，其中以防弹衣的应用最为引人注目。

目前超高分子量聚乙烯纤在世界范围内属于稀缺物资，全世界年需求量约5万吨，其中美国占70%。但具备生产能力的仅有荷兰帝斯曼公司（DSM）、美国霍尼韦尔公司（Honeywell）、日本东洋纺公司（Toyobo）、日本三井石化公司和中国的数家公司。

链接 Links ◀

太空漫步 / 空步

2008年9月25日21点10分04秒98，这是一个传奇的时间，神舟七号载人航天飞船带着全新的使命升入太空。2008年9月27日，神舟七号宇航员翟志刚成功进行太空行走，中国研制的第一套舱外航天服第一次在距地球300多公里的茫茫太空"亮相"。这是一次昂贵的亮相，因为航天服恐怕是世界上最贵重的"服装"，说它"贵"是因为一套航天服价值数千万，说它"重"却不是因为它很沉，而是因为航天服代表了高科技领域最尖端的技术，"中国人自己造"让这一套航天服有了更大的分量。

万里挑一的翟志刚在太空里"缓慢"移动，如果不是时刻提醒自己他是在太空行走，你恐怕不会感觉画面上传来的"缓慢"移动有何神奇。那件叫做"飞天"的舱外航天服看起来也不过像一件加厚、特大码的羽绒服，通体纯白，躯干像盔甲，四肢像面包，背上还有一只1.30米高的大背包，只是因为带着头盔，所以显得很酷。不过，如果你知道下面这个数据，你就不会这么想——宇航员在太空行走的速度为每秒7.8公里。在我们眼中的画面里缓慢而漫长的19分35秒出舱活动期间，宇航员翟志刚与飞船一起飞过了9165公里。

套用生活中的一句话：一分钱一分货。造价3 000万的"飞天"舱外航天服绝对物有所值。在遥远的太空，周遭处于类真空状态，面对太阳的一面温度高达200℃，背对太阳的一面则处于零下摄氏度的低温，强烈的辐射，可能遭遇的太空碎片袭击，出舱航天服是宇航员的飞行器，也是宇航员的生命保障机。从内到外，舱外航天服共计六层：由特殊防静电处理过的棉布织成的舒适层，橡胶质地的备份气密层，复合关节结构组成的主气密层，涤纶面料的限制层，通过热反射来实现隔热的隔热层，以及最外面的外防护层。外层的防护材料可耐受正负100℃以上的温差变化，堪称国内最贵的服装面料。

据专家讲，这最贵的面料，也是舱外宇航服成型的关键所在，是采用高级混合纤维制成的，也是一种石油衍生品，具有耐高温、防辐射、抗紫外线、强度高等特性，可以使在舱外活动的航天员在受到太空微流星体撞击时免受伤害。这样一件舱外航天服，我国自主研制仅用了不到四年时间，造价3000万元人民币左右，不足之前盛传的1.6亿元人民币的一半，要知道，美国航天飞机舱外航天服造价为1200万美元，大约是"飞天"的3倍。而且，我们此次制造出来的新航天服面料非常"柔和"，它强大的功能不但适合太空行走，穿着还非常舒服，不仅是面料上的一次创新，也是我国航天事业的一大突破。

"Lisa，晚上八点半，你家楼下。"

Lisa飞快地看了一下短信，眼睛做贼心虚地飞快瞟了一眼四周，办公室里大家都低头忙着自己的，根本没人注意到她绯红的脸。Lisa又看了看表，离下班还有半个小时，她感觉自己的小心脏已经激动地快要跳出来了，一面从镜面手机里照照自己，一面盘算着时间——下班开车回家，不堵车的话要三十分钟，还有两个小时可以洗澡、化妆、换衣服，应该够了。糟糕，车子没油了，如果绕道去加油，时间没准就赶上交通高峰了。又照了一下镜子，看了看自己的尊容，Lisa下定决心必须回家"装修"一下脸面。好吧，车子就留在公司吧，打车回去。

六点三十五分，一路飞奔，Lisa冲入卫生间。打开热水器，不到十秒钟，Lisa就沐浴在温暖中了。这一刻，Lisa非常庆幸自己选择安装燃气热水器，当初做出这一明智的选择，就是为了随时能洗上热水澡。洗发水、沐浴露、精华素……时间虽然紧，但是Lisa对洗澡的步骤从不马虎。飞快地擦干身上和头发，Lisa还不忘用凡士林细致地涂抹全身，尤其是肩头和双手，没准儿今晚Jason会邀请自己跳第一支舞，Lisa希望自己皮肤的表现是"细致光滑"吹弹可破。

接下来是面部装修系列：护肤水、润肤露、眼部精华、隔离霜、粉底液，再来一层淡淡的粉，一个蛾眉淡扫的美娘儿就诞生了。轻勾眼线，浓抹眼影，粘上假睫毛，涂上睫毛膏，打上粉嫩的腮红，金色的唇膏，最后再涂上一层淡淡的唇彩。吹干头发，用发蜡将头发抓出造型。一个柔美中带着英气的小美女在镜中浮现，Lisa对着镜子满意地笑了。

墙上的指针指向七点半，这个面部装修还是很费时间的，好在Lisa对结果很满意。剩下的就是挑选一套派对装了。打开衣橱，先换上一套新买的蕾丝内衣，去年Lisa刚刚做了隆胸手术，对自己的身材现在是相当满意。再喷一点最爱的香奈儿5号，希望他能"闻香识女人"。

穿什么呢？这件亚麻的开衫太过休闲，黑色的旗袍有点暗，亮片装太过新潮，这么重要的约会不能显得太过轻佻。最后Lisa选中了一条宝石蓝的曳地长裙，含有30%的天然丝，悬垂挺括、滑爽舒适。穿上肉色弹力丝袜，甩掉塑料拖鞋，换上一双细长的白色高跟鞋。

一切妥当，Lisa喂了自己一瓶果汁，晚宴前需要补充一点能量，这样到时候才能显得更淑女。

"嘀嘀"楼下传来了汽车喇叭的轻按声，Lisa知道他到了。在穿衣镜中最后看了一眼自己的造型，非常完美，出发！

Lisa的两小时美女变身石油谱大曝光

打车——93号汽油

燃气热水器——天然气

　　洗发水、沐浴露、精华素、凡士林润肤霜、护肤水、润肤露、眼部精华、隔离霜、粉底液、粉饼、眼线、眼影、睫毛膏、腮红、唇膏、唇彩、发蜡、香水——所有你能想到的化妆品几乎都含有化学成分，调查结果显示，女性平均每天向身体上涂抹515种化学物质。洗发香波平均含有25种化学成分；发胶平均含有11种化学成分；粉底平均含有24种化学成分；指甲油平均含有31种化学成分。高居榜首的是香水。香水平均含有250种化学成分。

蕾丝内衣——涤纶 氨纶

　　隆胸——硅胶，硅橡胶是高分子的硅有机化合物，由二硅醇缩聚制得。硅橡胶可制造医疗机械关键部件，包括人工心肺机输血泵管、膜式人工心肺机、胎儿吸引器和人工血液循环装置等；可作为器官或组织代用品，静脉插管、腹膜透析管、输血管胃镜套管、导液管和鼻插管等也是硅胶制品。硅橡胶在整容和修复术方面也得到了广泛的应用，如用于面部、颅骨和胸部整容手术以及修补内脏等。

宝石蓝的曳地长裙——涤纶40%，真丝60%

肉色弹力丝袜——聚酰胺纤维

塑料拖鞋——合成树脂

白色高跟鞋——鞋底鞋跟为合成橡胶制品

果汁——一瓶果汁从生产到运输耗费2/3瓶石油

别怕，
尿不湿

当妈妈是一件非常开心的事情，怀胎十月，急切地盼望着她/他平安健康地来到这个世界上。往往从怀孕那天起准妈妈们就开始为迎接宝宝的到来做各种准备。老辈儿们更信赖老法子，开始挨家挨户地要旧的纯棉衬衣衬裤，拆洗了，用开水煮过消了毒，裁成一块块半米见方的小块，留着给宝宝们做尿布；准爸爸们则开始在心里练习洗尿布，从老辈儿那里听来的感觉，这是一件颇为浩大的工程。如果你走进一个有刚满月孩子的家，你一定会看到晾衣杆上一条条尿布像万国国旗一样煞是壮观。宝宝们很难睡一整夜，一会儿饿了，一会儿尿了。饿了还好天然母乳不用热，若是尿了，爸爸妈妈们就只能起身下地给宝宝换一条干净的，否则小屁股被湿尿布捂着，宝宝的屁股就会起疹子，这样折腾下来，一夜起身五六次算是少的。所以，当爸爸妈妈是很辛苦的一件事，尤其是在使用尿布的时代。没办法，快乐和痛苦是成正比的，谁让可爱的宝宝给家庭带来了莫大的快乐呢，牺牲一下睡眠时间，多洗几块尿布就忍了吧。

尽管很努力地忍耐，对于当下的年轻父母来讲，这样的日子还是像恶梦，经常听到一些年轻的妈妈说，早知道还不如让她/他回到肚子里呢，怀孕的时候觉得很累，没想到出来之后更累。尤其是回到工作岗位上以后，大多数上班的妈妈都有过这样痛苦的经历，白天要像战士一样拼，没有人会因为你昨天晚上为了给孩子换尿布只睡了三个小时而减少你的工作量，你甚至必须比怀孕前更卖力，因为只有这样才能弥补你因怀孕生产而耽误的时间。当然，这还不是最不能忍受的。最难忍耐的是，在宝宝能够懂得自理以前，基本上都得困在家里，因为孩子的尿量是很大的，频率也相当的高，根本无法带出门太长时间。很多妈妈们为了解决带孩子出远门的问题，只能随身带一个塑料袋或空矿泉水瓶，以防万一。有些妈妈一两年没有逛过一次街。

不过，别怕，上面的状态是我们妈妈的生活，尿不湿的出现彻底拯救了新时期的妈妈。尿不湿采用绝佳的婴儿尿布材料，其突出的特点就是吸水和蓄水量大得惊人，能达到自身重量的500~1000倍。所以宝宝不必担心尿湿裤子，流出的尿会被它全部"喝"光。宝宝们不用再忍受红屁股和起疹子，妈妈们也可以尽可能地多睡一会了。

有时候不免感叹科技的力量真是无穷尽。令人欣慰的是，科技的发展总是可以恰到好处地以一种极为人性的方式改变着我们的生活方式。今天的生活节奏和生存压力更大，所以上帝创造了尿不湿，让新时期的年轻妈妈们可以腾出更多的精力去应付工作和生活。不过，还是不要忘记，向我们的爸爸妈妈们致敬，他们在那个物质和科技不够发达的岁月，用自己的勤劳和智慧给了我们生命和幸福。感谢尿不湿，感谢曾经为尿布而辛苦忙碌的爸爸妈妈。

知识库|Knowledge base ▶

尿不湿主要成分：由淀粉和丙烯酸盐为主要原料制成的高吸水性树脂。

第二节 | 石油，食油也

30亿人
会消失

中国以不足7%的耕地养活了占世界20%的人口。

《孟子·尽心下》中有这样的论述："民为贵，社稷次之，君为轻。""社"字在文言文中指土地神，"稷"则是指五谷神，土地和五谷是君王天子要祭祀的神，是国家的根本。为什么？因为"民以食为天"，所以历朝历代，解决百姓吃饭的问题都是头等大事。

不过即便如此，所谓"盛世无饥馑，何须耕织忙"也不过是诗歌里的理想，没有哪朝哪代百姓没有经历过饥饿和粮荒。即便是新中国成立以后，也曾出现了60年代的三年自然灾害，至今很多生于60年前的人们依然不堪回首，无数人忍饥挨饿，食草根、咽树皮，甚至吞食观音土。

新中国成立之际，美国国务卿艾奇逊暗示"中国政府解决不了自己的粮食问题，中国将永远是天下大乱，只有靠美国的面粉才有出路"。是的，听起来这不像是危言耸听——1949年，全国粮食总产量为1.13亿吨，人均仅209千克原粮，许多人处于挨饿状态——解决吃饭问题，是新中国成立后最要紧的大事。正是因为粮食紧张，中国在1955年不得不实行粮票制度。然而今天在中国，几乎没有人在忍受着饥饿，相反地，饭桌上的过度浪费正在成为中国的新问题。事实上，中国解决温饱的确切年份据考证是1987年，也就是说新中国用38年的时间成功地以占世界7%的耕地，养活了占世界20%的人口。中国是如何做到这一点的呢？套用一句广告语——"知识改变命运"。

20世纪60年代末，一场旨在解决发展中国家粮食问题而推广的绿色革命开始了，这次大规模农业改良革命强调粮食的增收在于引进新品种与使用化肥。"要装满粮袋子，丰富菜篮子，关键之一是发展化肥和农药"。化肥增产，农药减少病虫害，在有限的土地上挖掘最大的增产可能性，这就是中国成功以少量土地养活大量人口的秘诀。据联合国粮农组织估计，发展中国家粮食增产有55%来自化肥的作用。因为化肥的存在，地球多养活了将近30亿人，而一个人一生要消耗10吨粮食，折合700 000克化肥。

今天，当我们解决了温饱奔向了小康，我们开始追求生活品质，更乐于购买有机蔬菜，但是这并不意味着我们有理由排斥及痛恨化肥和农药。"绿色革命家"勃劳格1990年曾经作出这样一个论断："就现有的科学水平而言，农业化学产品的明智使用，尤其是化肥的使用，对满足世界60亿人口的生活是至关重要的。人们必须清醒地认识到，当今农民如果立即停止使用化肥和农药，世界必将面临悲惨的末日。这并非由于化学产品的毒害所致，而是饥饿所造成"。事实上，相对于化肥对环境和健康所产生的负面作用而言，饥饿更加可怕。

尽管没有粮食的日子我们很久没有感受过了，但是世界上还有很多人生活在食不果腹的饥饿圈里。而且世界人口还在不断攀升——1930年世界人口还只有20亿；到1960年，也就是30年后，增长了10亿；而到1987年，27年中又增长了20亿，达到50亿；13年后的2000年，世界人口突破60亿；预计2020年将达到83亿，2050年120亿。要养活裂变式增长的世界人口，指望传统的农耕方式无异于天方夜谭。假如你自私地认为地球人口减少一些也无妨，那么最好先祈祷你不会成为那可能消失掉的1/30亿。

一生吃
3万颗药丸

　　有人说，人要活100岁很容易，只要忍过1200个月。很多东西只要用数字量化，就会有惊人的戏剧效果。1200个月，听起来好像没有那么难。

　　英国曾有一部纪录片，叫做《人类足迹》，这部纪录片的制片人尼克·瓦特斯，在一次喝啤酒的过程中，突然对自己一辈子喝酒的数量产生了浓厚的兴趣，他非常想知道自己一辈子喝掉的啤酒能够注满多大的一个游泳池。于是，他制作了这部纪录片，对人的一生进行了统计，以一生平均寿命78.5年计算，一个人从出生到老去再到离开这个世界共要排出254升尿液，放35815升屁，洗7163次澡，消耗将近100万公升的水，服下3万颗药丸。

　　一个人一生要吃掉3万多颗药！？这听起来多少有点不可思议。但是想想我每天至少吃3颗维生素类药丸，一年就是1080颗，十年就是10800颗，再翻翻家庭药箱里堆成小山的止痛药、消炎药、感冒药、退烧药，我想这一切都是真的。

Ps：3万颗药，约合25 000克，耗掉的化工原料达15 000克。

或许你有兴趣对比一下《人类足迹》这部纪录片中的数据：

以年计算的平均寿命(2 475 576 000秒)：78.5

两岁半之前用掉的尿布数量：3 796

女人每天说的单词数量：6 400~8 000

男人每天说的单词数量：2 000~4 000

人一生说的单词数量：123 205 750

人一生交友数量：1 700

洗澡次数：7 163

吃掉的苹果数量：5 272

做梦的次数：104 390

读书的本数：533

吃掉的母牛数量：4.5

吃掉的鸡数量：1 201

吃掉的马铃薯千克数：2 327

用掉的食品包装吨数：8.49

放屁的升数：35 815

用掉的手纸卷数：4 239

用掉的洗发香波瓶数：198

喝掉的啤酒品脱数：10 351

喝掉的葡萄酒瓶数：1 694

呕吐物的升数(平均1年呕吐两次)：149

做爱的次数：4 239

出国度假的次数：59

用掉的人工日晒肤色化妆品瓶数：5.671

眨眼的次数：4.15亿

流泪的品脱数：121

抽掉的香烟数量：77 000

吃掉的绵羊数量：21

吃掉的猪的数量：15（中国人估计更多）

汽车用掉的燃料升数：120 000

驾驶的公里数：452 663

拥有的汽车数量：8

步行的公里数：15464

拥有的洗衣机数量：3.5

拥有的电视机数量：4.8

拥有的DVD数量：9.8

在不剪断情况下头发的长度(米)：9.42

在不剪断情况下胡子的长度(米)：9.14

你了解自己的一生吗？

算算你吃了多少石油

　　据统计，人的一生会吃掉551千克石油。人的一生要吃掉3万颗药丸，约合25 000克，消耗化工原料约15 000克，那么每吃一颗药丸消耗石油约0.5克；一瓶矿泉水约要消耗1/3瓶石油，以480升到500升一瓶的普通矿泉水计算，每喝一瓶矿泉水要喝掉160克石油；粮食和蔬菜，人一辈子要吃10吨，消耗化肥700 000克，加上运输消耗，500克蔬菜或粮食大概要消耗石油35克；至于肉类则更可怕，据美国统计，生产一磅牛肉需要一加仑的汽油，换算一下：一磅约为453.599克，一加仑约为 3.785升，93号汽油的密度为0.725g/ml，一升93号汽油为0.725千克，也就是说每吃500克牛肉，相当于吃掉3.025千克石油（我的苍天呐！），500克牛肉需要5 000克饲料，500克羊肉需要3 500克饲料，500克猪肉需要2 500克饲料，难怪猪肉价一个劲儿地涨啊～～

早餐

全麦面包100克

果汁1瓶

苹果1个125克

午餐

青菜两份200克

米饭100克

牛肉100克

苹果1个100克

全天喝掉约2.5瓶矿泉水

晚餐

红薯1个100克

青菜一份100克

砂糖橘4个100克

小米粥1碗250克

维生素3颗

猕猴桃1个100克

换算标准：

一颗药丸 0.5克石油

一瓶矿泉水 160克石油

一瓶果汁 240克石油

500克蔬菜 35克石油

500克粮食 35克石油

500克水果 35克石油

500克牛肉 3.025千克石油

你的一天吃掉了多少石油呢？

来看看一日的食谱：

早餐：全麦面包100克
　　　果汁1瓶
　　　苹果1个125克

午餐：米饭100克
　　　青菜两份200克
　　　牛肉100克
　　　苹果1个100克

晚餐：红薯一个100克
　　　小米粥一碗250克
　　　青菜一份100克
　　　砂糖橘4个100克
　　　猕猴桃1个100克
　　　3颗维生素

全天喝掉约2.5瓶矿泉水

石油消耗共计：
1 328.75克

500 公里生存半径

　　"读万卷书，行万里路"，我们无法判定也不能限制人生到达的距离与高度。500公里，不是用来丈量你出发与到达的里程，也无意限定你人生的轨迹。500公里，是一种现代低碳的生活态度。无论你落脚在哪里，飞得有多高多远，北京、上海、纽约、东京⋯⋯在世界的任何一个角落，你的生活都需要给养，你的生存都需要能量，500公里，是指你选择给养和能量的产地半径。一瓶水，一块蛋糕，一桶牛奶，一盒鸡蛋，一个苹果，一根蔬菜，从今天开始，把他们放进购物筐之前请先留意一下产地，判断一下这个产地与你所在地的距离是否超过500公里，尽可能地选择产地近的产品，因为运输和保鲜会消耗更多的能源。而且，如果更多的顾客选择产地近的产品，商家就会优先从临近地进货，从而节约更多的能源。这只是举手之劳，你会发现，对你的生活和健康而言，一切并没有太大差别，相反，产地离你越近，那些食品就有可能更快地出现在你的视线里，你将获得更新鲜的食物和营养。

吃掉的能源省回去

中国饮食文化丰富，烹饪形式也各式各样——煎炒烹炸蒸煮炖，样样都离不开火。从烧柴到烧煤，再到人工煤气，中国人"开火"的方式也不断演进。今天，天然气已经走进了千家万户。与煤炭、人工煤气相比，天然气更加洁净环保，经济实惠，利用绿色环保能源天然气代替污染能源煤炭是全世界的趋势，也将是未来中国人炊事能源的发展趋势。天然气也是一种不可再生资源，因此，在享受天然气给美食生活带来方便的同时，我们也需要掌握一些天然气应用的小技巧，要知道稍微动一点脑筋，我们就能把吃掉的能源省回去。

Ⅰ 在烹饪食物的时候，假如每天三次，每次将20℃的水煮开，用中火煮比用大火煮每年节省2.3立方米的燃气；

Ⅱ 很多人习惯先点燃燃气灶，再开始洗米、择菜、配料，这无形中增加了天然气的浪费，如果提前做好准备工作，做菜时一气呵成，会大大节约煤气的使用。

Ⅲ 中国人炒菜讲究火候，炒菜时，开始下锅时要大火，火焰最好覆盖整个锅底，不过菜已经熟了，就没有必要继续用大火了，应该及时调小火焰，到盛菜的时候把火减到最小，直到下一道菜下锅再将火焰调大，这样不仅省气，也会减少空烧造成的油烟污染。

Ⅳ 很多人喜欢每天将家中所有的开水瓶都灌满开水，实际上往往用不完，第二天再倒掉。烧开一瓶水平均需要7分钟，如果能够根据实际需要量，减少每天多烧的开水量，那么节省的燃气就十分可观了。

Ⅴ 烧水时，水越接近沸点，需要的热量越大，消耗的燃气就更多，所以，需要热水时，最好直接将冷水烧至需要的温度，而不是将水烧开后再兑冷水，这样可节省燃气。（用于饮用的开水除外）

当煮鸡蛋或者下面条时，把水烧开后1分钟就可以关火，只要加盖再焖4~5分钟，食物就会熟了，这样做不仅防止溢锅，还能节约不少燃气。

第三节 | 安得广厦千万间

我要一所大房子
有很大的落地窗户
阳光洒在地板上
也温暖了我的被子
我要一所大房子
有很多很多的房间
——孙燕姿 《完美的一天》

我要一所
大房子

乳胶漆（以水为介质，以丙烯酸酯类、苯乙烯、丙烯酸酯共聚物、醋酸乙烯酯类聚合物的水溶液为成膜物质，加入多种辅助成分制成。）

1. 壁纸：PVC塑料壁纸。普通壁纸用80克/平方米左右的纸作基材，涂塑100克/平方米左右的PVC糊状树脂，再经印花、压花而成。

2. 地面：①强化复合地板（它以松木、速生树种为主要原材料，并经剥皮和筛选处理后，利用木材或植物纤维经机械分离和化学处理，掺入胶黏剂和防水剂，再经铺装、成型和高温、高压压制而成。）；②丙纶地毯（将丙纶纤维加工成簇绒地毯，然后通过辊筒浸涂将地毯胶施于背面，并经过高温烘干而成。地毯胶的主要成分有成膜物质聚合物乳液、矿物填料、增调剂、分散剂、消泡剂等）

3. 橱柜：烤漆橱柜（硝基漆的主要成膜物是以硝化棉为主，配合醇酸树脂、改性松香树脂、丙烯酸树脂、氨基树脂等软硬树脂共同组成。一般还需要添加邻苯二甲酸二丁酯、二辛酯、氧化蓖麻油等增塑剂）

4. 沙发：①布艺沙发（混纺）；②仿皮椅子（PVC人造皮革的第一代产品，它是以纺织或针织材料为底基。聚氨乙烯树脂为涂层的仿革制品，特点是近似天然皮革，外观鲜艳、质地柔软、耐磨、耐折、耐酸碱等）；③木质贴面餐桌（装饰微薄木贴面板：是一种新型高级装饰材料，它是利用珍贵树种，如抽木、水曲柳、柳桉本等通过精密刨切成厚度为0.2～0.5 mm的微薄木片，以胶合板为基材，采用先进的胶黏剂及胶黏工艺制做而成的）

5. 家电：彩电、冰箱、洗衣机、空调（家电外观为PC产品）

6. 灯具：吸顶灯（PC材质）、台灯（树脂灯罩）

中国式家居记忆

　　"三十年弹指一挥间"，时间轻轻弹了两下，新中国就走过了六十年。50年代，80年代，2K年代，两个三十年的时间分割点，精巧地记录了中国人家居的变迁。英国艺术史学家贝作斯·希利尔曾说过"风格与生活方式有着密切的联系"。中国式家居的变迁，不仅是"从泥草胚的平房到红砖青砖大瓦房再到钢筋混凝土的高楼大厦"的建筑的变化，更是我们六十年生活方式和生活品质的真实体现。

50年代

　　王占元和宋文英的结婚日期定在了1956年的元旦，没有敲锣打鼓，没有迎亲的队伍，没置办一件结婚用品，连一件新衣裳都没有买，宋文英把自己常用的行李箱搬到了王占元家腾出来的一间10平方米的小屋里，一家人买了点儿猪肉吃了一顿饺子，这婚就算结了。新房里的陈设极其简单，一张床，一只箱子，两个条凳，都是从旧家具店淘回来的，宋文英给擦洗干净了，摆在合适的位置，小屋也就满满当当了。报纸不好找，小两口就把报纸都拿来糊顶棚，再凑些白纸糊墙面，剪上两个红喜字贴在墙上，这在当时就算讲究的了。宋文英老人回忆说，当时的墙面比较糙，要是不糊上纸，墙皮就会往下掉，搞不好睡觉要吃灰，要是不小心靠在墙上，身上就跟蹭了白面一样，所以那时候稍微讲究点儿的家庭都要糊棚糊墙。

80年代

1984年，孙强国结婚分到了单位家属楼的一套新房。"四白落地和水泥地面"的两居室，让小两口着实兴奋了一阵子。孙强国决定赶个时髦，也要把新房好好装修一下。20世纪80年代，中国刚刚刮起了"装修风"，流行打家具、装墙裙、刷油漆、铺地板革。孙强国请了木匠，打了一套组合柜、一张席梦思床、一个书桌和一只三人沙发。组合柜在当时几乎家家都有，一般都是刷上清油，保持木头的本色。孙强国还特意让木匠用带金色条纹的PVC塑料边条给组合柜做了个装饰，这在当时也算是时新的样式了。

孙国强买了油漆，自己动手装墙裙、刷油漆。先在墙面上量好尺寸，从地面向上1米的位置，用铅笔沿墙面画上一圈细线做好标记，这条线以下的墙面就是要刷墙裙的位置。孙国强打算刷淡绿色的墙裙，他和妻子用香蕉水把绿油漆稀释后，用刷子蘸着油漆分头粉刷，两天的功夫，漂亮的淡绿色墙裙就刷好了。妻子还用深绿色的油漆在墙裙上方两公分的范围里又描出了一圈裙边儿。剩下的地面就简单了，他们已经决定了要铺地板革，所以就先用剩下的油漆刷了一遍地，等干透了，铺上买来的黑白仿砖地板革，这种地板革耐磨而且好清理，可以直接用水擦，还有很多的花纹可以选择，如果不喜欢了或者用旧了，随

时都可以换新的。

　　孙国强给妻子买了一块上海牌女表作为结婚礼物，还买了一台14寸黑白电视机，开始了自己的幸福生活。

"2K" 年代

　　到了21世纪，中国式家庭的装修风格经历了脱胎换骨的变迁。如果说50年代不装修，80年代是没有风格的朴素装修，到了21世纪，则发展到"无人不装修，无处不风格"。令人眼花缭乱的新中式风格、欧式风格、美式田园风格、后现代主义……层出不穷。此时，家居已经不仅是家居本身，人们对家的理解，并不仅仅是满足居住的需求，而是上升到更高的精神需要。人们尝试改变并创造自己的安身环境，营造一个满足个人化需求的舒适的空间，在"家里"可以极度自我，抵御和忘却外部世界的纷纷扰扰。家居不仅是人生存的环境，也是主人对外部世界的表达。

　　经济条件的提高以及装饰材料的发展，给"主人"的这种表达提供了更多可能。墙面，可以选择乳胶漆、涂料、壁纸、PVC饰面，花色各异，工艺先进，更兼环保；成品家具的种类更是琳琅满目，除了实木以外，大芯板、刨花板、PVC合成木材配以花纹各异的人造饰面，可以实现多种造型和质感；处理地面，地板可以选择实木地板、强化复合地板、竹制地板，地砖可以选择瓷砖与人造石材，也可以选择地毯、地胶、自流平等。日渐丰富的材质与工艺，让人们在装修风格和造型上不受局限，大胆营造属于自己的风格。21世纪的家用电器，在实用的基础上，也越发注重美观，彩电、冰箱、空调，不断发展的PC、树脂等材料使其外观可以变幻各种色彩、花纹和造型，使家电成为家居中的风景线。

　　甲醛，几乎已经成为不环保的代言人。提到新房，说到装修，言必称甲醛。这个自1888年就从德国步入工业化生产领域的"化学名词"，在兢兢业业为人类肝脑涂地了一百年后，突然在日渐兴起的装修热潮中，被推向了"害人不浅"的风口浪尖，而且一时还无从辩驳。因为，的的确确，千真万确，甲醛有毒，在我国有毒化学品优先控制名单上甲醛高居第二位，甲醛已经被世界卫生组织确定为致癌和致畸形物质。

　　不过"有毒"不等于"中毒"，更不等于"下毒"，这是三个不同层次的概念。中国有句老话"是药三分毒"，从这句话推断，恐怕没有一种治病救人的药不含毒。砒霜巨毒，亦可入药，香港大学成功从砒霜中提炼出处方用药用于治疗白血病；蝎尾蜇人可以致死，但是蝎子本身入药却可以通血栓、治疗心肌梗塞；一整只的蟾蜍从头到尾都有毒，但提炼过后的蟾酥，在中药里却是一剂良药。毒物，虽会致人于死，但若能善用，也能救人一命。甲醛也是如此。在符合国际环保标准的范围内，甲醛在消毒、防腐、医疗、制药、造纸、染色以及合成树脂、油漆、塑料、橡胶、皮革、炸药、胶片、建材的生产领域可以发挥重要的作用，并且已经发挥了重要作用。因为甲醛的造价较低，因此在上述领域，甲醛极大地降低了生产成本，推动了工业和医学的发展。

　　随着人们对环保和健康的关注，人们在装修的时候，对"甲醛"颇有点闻风丧胆的意思。事实上，大可不必。解放前，既没有装修风潮，也没有大规模的甲醛应用，但是中国人的平均寿命只有三十五岁，而现在中国人的平均寿命却已经提高到了七十二岁。人们关注环保和健康的意识是正确的，但是大可不必因噎废食，与其声讨甲醛不如擦亮双眼，选择正规厂家的合格环保产品。要知道，甲醛有毒并不可怕，可怕的其实是施毒的人，是那些滥用甲醛、制造假劣、牟取暴利的人。

甲醛是毒也是药

甲醛标准

目前国家发布的与室内环境有关的甲醛的检测标准主要有：

1. 中华人民共和国国家标准《居室空气中甲醛的卫生标准》规定：居室空气中甲醛的最高容许浓度为0.08毫克／立方米。

2. 中华人民共和国国家标准《实木复合地板》规定：A类实木复合地板甲醛释放量小于和等于9毫克／100克；B类实木复合地板甲醛释放量等于9毫克～40毫克／100克。

3. 《国家环境标志产品技术要求——人造木质板材》规定：人造板材中甲醛释放量应小于0.20毫克／立方米；木地板中甲醛释放量应小于0.12毫克／立方米。

4. 国家家具标准GB5296.2004规定：如果甲醛释放量大于1.5毫克/升的规定标准，有关厂家将被处以销售额50%至3倍的罚款。还将受到涉嫌欺诈的处罚。

另外，很多家具、地板有味道，其实是漆的味道，有时即使家具环保，但是如果选择的漆不好，也会有过多的甲醛。急性甲醛中毒为接触高浓度甲醛蒸气引起的以眼、呼吸系统损害为主的全身性疾病。

如何判断甲醛超标

甲醛超标症状表现

1. 每天清晨起床时，感到憋闷、恶心、甚至头晕目眩；

2. 家里经常有人感冒；

3. 虽然不吸烟，但是经常感到嗓子不舒服，有异物感，呼吸不畅；

4. 家里小孩常咳嗽、打喷嚏、免疫力下降；

5. 家里人员常有过敏等毛病，而且是群发性的；

6. 家人共有一种疾病，而且离开这个环境后，症状有明显变化和好转；

7. 新婚夫妇长时间不孕，又查不出原因；

8. 孕妇在正常怀孕的情况下发现胎儿畸形；

9. 新搬家或者新装修的房子里，室内植物不易成活，叶子容易发黄、枯萎；

10. 新搬家后，家养的猫、狗甚至热带鱼类莫名其妙地死掉；

11. 上班就感觉喉咙疼、呼吸道发干，下班后便没事了；

12. 新装修的家庭和写字楼房间或新买家具有刺鼻、刺眼等刺激性异味，而且异味长期不散。

经济实用的植物除甲醛法：

①吊兰

特性：养殖容易，适应性强，最为传统的居室垂挂植物之一。它叶片细长柔软，从叶腋中抽生出小植株，舒展散垂，四季常绿。

功效：可吸收室内80%以上的有害气体，吸收甲醛的能力超强。一般房间养1~2盆吊兰，空气中有毒气体即可吸收殆尽，故吊兰又有"绿色净化器"之美称。

②虎尾兰

特性：叶簇生，剑叶刚直立，叶全缘，表面乳白、淡黄、深绿相间，呈横带斑纹。常见的家庭盆栽品种，耐干旱，喜阳光温暖，也耐阴，忌水涝。

功效：可吸收室内80%以上的有害气体，吸收甲醛的能力超强。

③长春藤

特性：是最理想的室内外垂直绿化品种，常绿藤本，枝蔓细弱而柔软，具气生根，能攀援在其他物体上。叶互生，叶片三角状卵形，盆栽需要量日渐增多。它是典型的阴性植物，能生长在全光照的环境中，在温暖湿润的气候条件下生长良好，不耐寒。

功效：强力除甲醛。能分解两种有害物质，即存在于地毯，绝缘材料、胶合板中的甲醛和隐匿于壁纸中对肾脏有害的二甲苯。

④芦荟

多年生常绿多肉植物，茎节较短，直立，叶肥厚，多汁，披针形。喜温暖、干燥气候，耐寒能力不强，不耐阴。它不仅是吸收甲醛的好手，而且具有很强的药用价值，如杀菌、美容的功效。现已经开发出不少盆栽品种，具有很强的观赏性，可用于装饰居室。

无油寸步难行

"世上本没有路，走的人多了便成了路。"

小学时，读到鲁迅《故乡》中的句子，颇多不解。心里想，是不是原来就是一片荒地，走的人多了，踩平了，就成了路啦，原来世界上的路都是人踩出来的。长大以后，才明白，道路这个词，含义颇多。至少会有9种解释——1.地面上供人或车马通行的部分。2.达到某种目标的途径。3.路途；路程。4.路上的人，指众人。5.奔走，跋涉。6.行业，

地上本
没有路

职业。7.去向，线索。8.方法，办法。9.样子。

这么多的解释，我们今天常用的其实只有两种，一种是指真正的道路，一种是引申成人生之路。

道路其实已是我们每天生活必不可少的。记忆里乡间泥泞的小路、泥足深陷的坑坑洼洼的山路、暴土扬尘的石子路、雨后斑驳的石板路……每一条路总会通向一个地方，总会留下很多人的足迹，苔藓上沾满了回忆的感性故事。然后就有了宽敞的柏油路，从省道到国道再到高速公路。公路的发展带来了现代文明和现代的生活方式，也催生了公路文化。今天，大部分人尤其是"北上广"的居住者经常会将"堵车"挂在嘴上。道路就是车的载体，不可想象，如果没有道路，我们今天如何能奢侈地享受"汽车文明"。虽然车与路的矛盾越来越大，但毫无疑问，车还是会越来越多，路也会越来越多。那些为此而担心的人，大可把心放回到肚子里。

倒是人生之路在发生着显著的变化，上哪所学校？读什么专业？选择什么样的工作？过怎样的生活？和哪个人相伴？人生似乎从一开始就面临岔路口的选择，我们总是不得不站在人生一个又一个十字路口上彷徨失措。最聪明的思想家是老子，因为他说"道可道，非常道。"人活在世，要努力实现某种价值。但当我们自以为创造了很多东西，自以为实现了很多价值时，老子却说，你所实现的价值是真的实现了吗？这就叫"名可名，非常名。"一般的，我们总认为文明是进步的，社会一定要发展，可道可名的东西方是好的。但是老子偏偏在这里要我们反省——人类社会的种种真的是属于"常道、常名"吗？你的所谓事业，所谓成就，是否真的是"常道、常名"？很显然，老子说这句话，是要我们时时反省，当你以为一件事很重要的时候，那件事真的就那么重要吗？当你以为一件事不很重要的时候，难道它就真的不那么重要吗？当你以为你很有成就的时候，那些成就真的就是成就吗？当你认为自己没有成就的时候，难道就真的一点成就也没有吗？在如今纷繁芜杂的社会中，在我们时常迷茫、不知该向何处去时，经常自问，有益身心的平衡。

条条大路通罗马

　　连接城市、乡村和工矿基地之间，主要供汽车行驶并具备一定技术标准和设施的道路称公路。中文所言的"公路"是近代说法，古文中并不存在，"公路"是以其公共交通之路得名，英文叫作Road。

　　有人必有路，走的人多势必成路，这是真理。不过，这路并非公路。若说公路的历史，公元前3000年，古埃及人为修建金字塔而建设的路，应是世界上最早的公路。次之是大约公元前2000年古巴比伦人的街道，比我们中国公路要早很多。公元前500年左右，波斯帝国大道贯通了东西方，并连接起通往中国的大道，形成了世界上最早、最长的丝绸之路，这可算是2500年前最伟大的公路了。古罗马帝国的公路曾经显赫一时，它以罗马为中心，向四外呈放射形修建了29条公路，号称世界无双。所以产生了至今人们还常用的外国俗语——"条条大路通罗马"。

　　公路的修建也有个不断提高技术和更新建筑材料过程。最早当然是土路，土路易建也易坏，雨水多些，车马多些，便凹凸不平甚至毁坏了。欧洲较早出现了碎石路，这比土路进了一大步。再后出现了砖块路，也比中国早很多。在碎石上铺浇沥青是公路史上又一大突破。公元8世纪，阿拉伯帝国的新都巴格达，全部街道都由柏油铺成，这是世界上第一座"柏油马路化"的城市，不过这也难怪，谁叫人家到处是石油呢。

　　中国自古有驿站驿路，但是真正第一条较先进的公路，是1906年铺设的广西龙州至镇南关的公路。

希特勒——
制造战争也制造高速公路

　　当你乘坐的汽车行驶在高速公路上的时候，不知你有没有想过，建设专供汽车通行的高速公路的创意是出于谁的大脑？最早的高速公路又是在哪里建设使用的？每当我乘坐汽车奔驰在高速公路上的时候，经常会想起这些问题。后来，我终于在德国找到了答案。

　　去过德国的人都会有这样的体会，其公路四通八达。的确，德国拥有全世界最发达的高速公路网。在德国35万平方公里的土地上（这个数字大约也就相当于我国山东和河北两省的土地面积之和），修建有1.24万公里的高速公路。与国内高速公路不同，德国所有的高速公路没有任何验证或收费的关卡，你尽可以从一条公路转到另一条公路；而且绝大部分的高速公路没有时速限制。

　　今天的德国A5号高速公路从法兰克福穿城而过，从法兰克福向南不远有一座不大的城市，叫达姆斯达特。据史料记载，这一段高速公路就是世界上第一条高速公路。它始建于1933年9月，当时刚刚出任德国总理不久的希特勒——对，就是那个一手制造了第二次世界大战的战争狂人——出席了这条规划中的第一条高速公路——法兰克福—达姆斯达特高速公路的奠基仪式，并为之剪彩，从而揭开了德国乃至全世界高速公路建设的序幕。

　　那么，这位第三帝国的"元首"如何会对一条公路的修建如此热心呢？其实，这还不仅仅是一般的热心，可以说，建造高速公路是希特勒的一个理想。甚至可以说，是希特勒"发明"了高速公路。

　　早在1923年底，希特勒在策动"慕尼黑暴动"失败后，被囚禁于蓝斯堡监狱的时候，他的一位做汽车生意的朋友来探监时给他带来一本汽车大亨福特的自传《我的生命和工作》。这本书勾起了希特勒无穷的联想：制造经济适用的家庭轿车，使得家家拥有汽车；兴建只供汽车使用的高速公路，把各大城市连为一体，便捷运输。然而，在"一战"刚刚结束后百废待兴、穷困潦倒的德国，这种思想近乎是狂想。

　　希特勒却不认为这是"狂想"。1933年伊始，希特勒刚刚就任德国总理一职

后的第11天，便出席主持柏林汽车展开幕式，在开幕式上，希特勒大肆鼓吹他的家庭轿车和高速公路计划。但是，在当时吃饭都困难的德国，希特勒的"狂想"自然遭到了很多德国人民的反对。

然而，希特勒就是希特勒，他想要做的事情就一定要去尝试。于是，在上任后半年多的时间里，希特勒就跑遍德国各地，用口号忽悠德国人民，让失业工人参加他的高速公路建设，并成立了"帝国道路公司"。到了1933年9月23日，希特勒的高速公路计划终于开始实施了。

除此之外，希特勒还亲自为德国高速公路的建设制定标准：一般路段设计为四车道34米宽；中间有5米的绿化隔离带；不设置路灯，但每隔200米设立一块可反光的水泥柱；为了防滑，不仅要求路面的坡度要小，而且转弯半径要尽量大，同时还要求将路面进行了特殊处理。他任命的高速公路项目负责人托德博士，甚至将紧急停车带、高架桥、封闭立交桥以及带有加油站和餐厅的服务区等现代高速公路所需的大部分设施，都列在了他的设计之内。这不能不使我们感到由衷的佩服。

希特勒对于高速公路的考虑还不仅仅是民用，他在对高速公路的追求中，更多想到的是战争。他不仅要求高速公路应该让军队可以一天之内横贯东西，而且还要求一些路段可以起降飞机。34米的宽度，就是为了适应需要30米宽度的战斗机的起降，反光水泥柱的设计也是出于导航的需求。

不管希特勒当初建设高速公路的用意如何，也不去讨论当时德国的高速公路如何在"二战"中助长了德军的势力。从今天来看，高速公路的创意、建设和使用，都为我们今天的生活提供了莫大的便利。据了解，希特勒统治时期，德国总共修建了4000多公里的高速公路，时至今日，德国境内正在使用的1.24万公里的高速公路中，仍有约四分之一的道路是那个时期修建的。而美国的高速公路建设，也是源于艾森豪威尔受到德国高速公路在作战时表现出来的快速高效的启发，而决定在美国也修建高速公路。从此，高速公路风靡全球，也最终成就了现代世界的高速和高效。

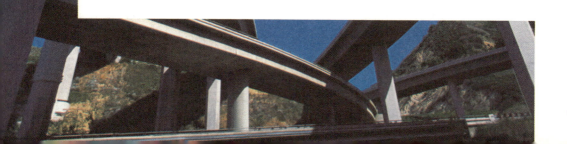

公路的发展带来了现代文明和现代的生活方式，也催生了公路文化。

那些风靡的公路片

公路电影最初出现在美国，按照美国的电影类型细分法中，有种roadmovie，即公路电影，虽不能说出它的确切含义，但大体也明白那是怎样的内容，主要是以路途反映人生。公路电影身为类型片(genre)的一种，与西部片(frontiermovie)颇有相似之处：两者都是美国文化特有的产物，两者描绘的也都是对美国边疆的探索。不同之处在于，西部片的时代背景是19世纪到20世纪初，片中的英雄们骑马越过辽阔的草原沙漠，公路电影的时代背景则设定在20世纪，车辆成为冒险探索的工具；西部片影片强调人与自然搏斗而胜利的过程，以及沿途所出现的种种困难险阻，如红番、狼群、暴风、冰雪等，多半是主人翁需要奋斗克服的，自然或野蛮的目标。公路电影则受到现代主义的影响，主人翁在沿途所遇到的事件与景观，多半是在为本身的孤独疏离作注脚；西部电影里的旅程，是为了主角要完成某一特殊目的而存在。公路电影里的旅程，则多半是主角为了寻找自我所作的逃离，旅程本身即是目的，而通常发生的结果是这条路把他们带到空无一物之处(nowhere)，他们的自我也在寻找的过程中逐渐消失了。简而言之，西部片突出个人的冒险刺激，而公路片则反映人的内心情感。

1.《邦妮与克莱德》：作为一部公路片，影片的故事显然围绕他们一路上的作案和逃往展开。当然在这对恋人的爱情之外，导演还为他们安排了三个同伙，并且让这种兄弟的情义和男女之间的情爱产生一种微妙的角力和互涉。克莱德既要维护和哥哥之间的感情，又要安抚哥哥的死对头邦妮的情绪。而邦妮也在自由选择和为爱牺牲之间权衡挣扎。当然随着剧情的发展，其余的同伙相继死去，直到两人成了真正的亡命鸳鸯。

2.《德克萨斯，巴黎》：疏离和流浪一直是维姆·文德斯电影的永恒主题，但无疑《德克萨斯，巴黎》是其中最醇厚感人的一部。虽然它更像是主人公特拉维斯，对于故去爱情的一次乌托邦式寻找。但是其中传达出的失去爱情后无根漂泊的人生状态，却让影片有种嵌脏入肺般无法释怀的苍凉感伤。

3.《午夜狂奔》：这部曾被推崇为"影史上最有趣的公路电影"，没有什么十分激烈的打斗和惊天动地的火暴场面，但情节安排却如层层剥笋，扣人心弦。人物在无比紧张的气氛中，对白却轻松幽默，如此形成鲜明反差，恰到好处地使影片显得张弛有度。这段从纽约到洛杉矶的行程，

旅伴组合是一个强悍的警探和一个傻乎乎的盗用公款的会计，两人的手还拷在一起，本来警探以为高枕无忧的旅途，因半路杀出的黑帮分子与联邦调查局一系列"程咬金"们，从而变成了亡命之旅。一个为了活命，一个为了洗手不干之前再捞上一笔巨额奖金，两人沿途被迫改乘各种交通工具，跳上火车，转搭飞机，最后乘上巴士还被追击得翻天覆地。

4.《末路狂花》：毫无疑问，这部由女性编剧、男性导演的影片开启了公路电影的新方向。它所描绘的旅途，成为了两个女人对抗男权社会，表达自己呼声的过程。本来美好的结伴旅行计划，结果因为露易斯枪杀了欲强奸塞尔玛的一个男人变成了一场逃亡之旅。她们一路上接二连三发生的事和遇到的人，基本上都是危险的，充斥着敌意的。沿途中碰到并与塞尔玛发生一夜情的帅气牛仔，到头来的面目也不过是偷光她们钱的大骗子。这一切将她们"逼上梁山"，两个人的性格发生了180°的大转变——从胆怯的家庭主妇和平凡的餐厅女招待，变成了肆意对抗、勇敢坚强的女战士。她们打劫便利商店，将性骚扰她们的司机的油车打得稀巴烂……但最终无路可走，在警察重重包围下，两人微笑着紧紧拥抱，然后决然地开车冲下万丈峡谷。这是电影史上最完美的结束画面之一。西部壮丽的自然风光为她们营造了诗史般的氛围，在一丝悲壮、怆然之外，更有着一种淋漓的快意！

5.《加州杀手》：这是公路片和犯罪片结合后的典型变异。一个作家为了自己正在创作的连环杀手小说，和摄影师妻子追寻杀手的足迹，进行一番实地的考察但为了分担路上高额的费用，不得已拉上了一对形容邋遢愣头愣脑的青年男女。但从此便踏上了一次九死一生的凶险旅程。

6.《天生杀人狂》：这是一部惊世骇俗的电影，但并不是典型意义上的公路片，其中的公路与旅程本身其实已沦为完全次要的地位，片中有666号公路，这个数字其实代表的是恶魔撒旦。而旅途中遇到的那些人，无一例外地成为男女主人公的牺牲品。如果要说这对杀人不眨眼的夫妻还有什么旅伴，则是那些像猎狗一样穷追不舍的新闻媒体。这对狂人夫妻所到之处必定腥风血雨，只留下一个活口宣扬他们的事迹。而被新闻媒体炒作渲染一番之后，竟成了全世界崇拜模仿的对象！在二人锒铛入狱后，还有电视台主播追到狱中采访，最终引起监狱暴动，为了抢新闻的记者居然帮他们一起冲出重围，在死前还浑然不知地做着采访实录！

7. 《不准掉头》：就像题目所点明，这是一条彻底的不归路。自从因为车子故障，而误入苏必略小镇之后，可怜的巴比就在一直陷入被动、疯狂、阴谋、毁灭、以及不可遏制的歇斯底里当中。你可以把葛莱丝和杰克看作整个游戏的发起者，但是谁又能否认，这个小镇的许多人都不自觉地参与了其中。

8. 《沙漠妖姬》：这部曾令澳洲电影在国际上大大露脸的公路喜剧，享用了自20世纪90年代电影界宣布类型题材解禁后的第一只螃蟹，堂皇地将易装癖、同性恋搬上银幕。故事主人公包括一个变性人，两个同性恋，他们三人乘坐大巴士横越沙漠，打扮得像金刚鹦鹉一样去异地表演易装秀。用柏桦的一句诗来形容他们最伏帖不过："这白得耀眼的爱情这白得耀眼的夏天这白得耀眼的神经病！" 这一路上除了在停留的两个小镇上发生了点儿不愉快——在A镇的酒吧遇到蛮横胖女人恶意挑衅，第二天早晨发现巴士车身被漆刷上咒骂侮辱的字样，在B镇差点被一伙地痞强暴，以及中途巴士在沙漠中抛了锚，好不容易遇到路过救助者，一身灰头土脸的艳妆彩服，却使得别人吓得猛踩油门一溜烟儿地跑掉等之外，总体来说他们载歌载舞的旅程还算"顺利"。而三个人在这三天两夜的旅程中似乎也发现了生活中一些别样的意义。

9. 《中央车站》：同样是以寻找为主题，《中央车站》把一个人间温情的小品，拍得兼具形而上学的寓言色彩。相信稍微有点圣经常识的人，对影片中约书亚、摩西……这几个名字一定不会觉得陌生。至于牵引全片故事发展，也是这次寻找目标的约书亚的父亲，更是被直接命名为——耶稣。这样的双重架构，其中蕴涵的哲学意味自然不言而喻。导演正是试图通过这样一次现实的寻找，来阐述人对内心精神之父的终极皈依。

10. 《摩托日记》：这是一个以公路片为载体的名人传记，片中的主人公相信大家一定都很熟悉，著名的古巴革命英雄切·格瓦拉，影片通过他23岁那年穿越拉丁美洲的历程，既揭示了50年代拉美社会的各种严峻现实，又记录了这位英雄年轻时代的心灵成长轨迹。

公路片发展到今天已非好莱坞所独有，许多国家均拍摄了相当数量的公路片。现在公路片已经发展成一个很成熟的模式电影。国产的像《走到底》《落叶归根》《人在囧途》《人山人海》等。

推荐几本公路小说

《1988：我要和这个世界谈谈》

韩寒公路小说，顾名思义就是以主人翁在沿途所遇到的事件与景观反映人生的小说，就是以路途为载体反应人生观、现实观的小说。韩寒在2010年筹划的新作《1988》上体现出的文学概念，为韩寒及其团队的自创。目前在韩寒主编的杂志《独唱团》中首度连载，这是韩寒预谋已久的一个系列，也是国内首度实际尝试"公路小说"这一概念的第一本——《1988》。

《在路上》

《在路上》(On the Road)最为人熟知的是美国"垮掉的一代"作家杰克·凯鲁亚克创作于1957年的小说。这部小说绝大部分是自传性的，被公认为60年代嬉皮士运动和垮掉的一代的经典之作。

《万里任禅游》

作者：罗勃特·M·波西格

20世纪70年代最有影响力的十本书之一。本书讲述了作者在70年代的一个夏季，单独骑摩托车从明尼苏达州到加州，走遍穷乡僻壤，将所见所闻所感所思记录下来，行文优美、简洁而动人。本书在被120家出版社拒绝后终于出版，立即成为超级畅销书，第一年即销售达百余万册，而且在之后十余年一直居于畅销书排行榜之列。

世界上最危险的12条路

1. 斯泰尔维奥山口，意大利

阿尔卑斯山的人们总是在完善其在陡坡上的生活，其中最壮观的"之"字形路就是意大利的斯泰尔维奥山口，这条路有60个弯道，海拔高度达到9 000英尺。这里最早的路建于19世纪20年代，在最近两个世纪有稍微的改变。

2. 旧金山，九曲花街

当人们想到旧金山的时候，其中的一幅图片也许就是弯弯曲曲的九曲花街。它是旧金山的标志之一，S形的弯曲街道从山顶蜿蜒而下，几近45°的坡度更让车上的人感到无比刺激，有一种坐过山车的感觉。但是这里的时速只限于每小时5英里。

3. 挪威，精灵之路

这条路的意思是"轮子唱歌的梯子"，这条狭窄的道路横穿挪威著名海湾的陡坡，直上云霄。起初建于1936年，弯度达到9%，为了更加安全，精灵之路在2005年被重建，但是超过40英尺长的交通工具依然禁止通行。

4. 夏威夷，莫纳克亚山

这条路可以直到莫纳克亚山的顶端，海拔高达13780英尺，所以雪天禁止通行。这条路长15英里，中间5英里陡峭的地方还没有铺砌。

5. 玻利维亚，死亡之路

死亡之路从2000英尺的高度一跃而下，而且没有任何栏杆，宽度只有10英尺。但是这里的风景很美，周围绿荫环绕，美丽的瀑布从悬崖泻下，经常把路面溅湿。

6. 瑞士，格林索山口

横穿格林索山口的这条弯曲的高速公路就像一条飘带一样滑过瑞士的阿尔卑斯山。建于19世纪90年代的这条路崎岖不平，尤其是快到顶上的风景绝佳。

7. 加州，1号高速公路

1号高速公路是双车道，33座桥，被某网站称为"122英里的眩晕路"，但是这里的风景也值得冒险。弯弯曲曲的山路从加州的海岸线蜿蜒而过，最陡的陡坡达到1000英尺。1号高速公路被认为是全世界最美丽的路，被交通部指定为地道的美国之路。

8. 日本，伊吕波山道

这条路在日本历史上有很重要的地位，佛教的朝圣者会经过这里到中禅寺湖。该路有48个急转弯，每个急转弯上都有日语中的一个字母。伊吕波山道上升1300英里，但是有分开的上山下山的道路。

9. 茂伊岛，天堂之路

这条68英里的小道有600个拐弯，大约60座桥，其中的很多都有1个世纪的历史，而且还穿过热带雨林。这条路又窄又弯，单程旅行就要3个小时，它会带你穿过有棕榈树盖顶的瀑布，滑过茂伊岛弯曲的海岸线。

10. 新西兰，米尔福德公路

米尔福德公路没有很多陡坡，但是它正好在新西兰南阿尔卑斯山高山之间，由于雪崩的危险，当地政府规定禁止车辆在此停留。峡湾国家公园附近的景色优美，指环王的三部曲就是在这里拍摄的。这也是到达新西兰最大景区的必经之路。

11. 台湾，太鲁阁峡谷

太鲁阁的意思是壮观而华丽，仅仅这个名字就让你有想一探究竟的冲动。附近的山路又陡又窄，从山里穿来穿去，这里最著名的是九道弯的隧道。

12. 瑞士和意大利，施普吕根山口

这里对比鲜明，前一分钟，你还在"之"字形的陡峭山路上心惊胆战，后一分钟，你已经过野花遍地的高山草甸。这里的多样性使这里成为最美丽的公路之一，当然如果你喜欢骑车，也可以尝试一下。

今日油价：7.17

再也没有任何东西像油价一样强烈地牵动着有车族的神经了。多年前，我QQ友人的签名是——"涨到七元不开车"。现在的情况是，北京93号汽油的价格飞速突破七元。他呢，由于上班路程较远，又没那体力去挤地铁，依然开车。只不过，把经常在外面吃饭的习惯改成了家里做饭。CPI指数屡创新高。不管相关部门再怎么出来解释，也掩盖不了物价上涨的幅度了。菜市场里转一圈儿，你会发现100元钱根本买不了多少东西。啥都在涨，只有工资多少年如一日。我们毫不犹豫地开始惶恐了，钱不值钱了，该怎么办。内心本来就不多的安全感又少了几分。

实际上，物价的上涨与油价的上涨有着直接的关系。不仅因为我们生活中很多必不可少的东西来源于石油，更因为石油的涨价直接导致着运力价格的提高。相信吗，2010年的重型卡车市场销量将突破100万辆，同比增长了30%多。为什么？运力涨价，搞运输有钱可赚，早一天买车早一天致富。

紧接而来的就是柴油荒。因为加不到柴油，南方的很多客车班线停运，卡车也在加油站前排起来了长队。近百家民营加油站关门。近三年来，每一年都会出现柴油荒，柴油荒不仅使运输体系出现了问题，更重要的是带来了社会的恐慌，任何事情如果给社会带来了恐慌，都会产生一系列的负面效应。比如房地产，当房地产价格上涨到一定程度不可控制，给社会带来恐慌的时候，这个行业就会受到伤害。正因为房地产行业价格无限制的高增长，带来了今天房地产行业的困境。大多的时候我们把矛头指向了两大石油公司。但是我们也要想到为什么会连续三年，基本上在同样的时间段里都会出现柴油荒。这绝对不是类似一些汽车厂商的饥饿营销（明明产能够，却特意制造产能不足的假象，加价售车），完全是石油供给和生产跟不上实际使用的需要所导致。

20世纪50年代，大庆油田的发现，让中国摘掉了"贫油国"的帽子，仅大庆油田一年年产量连续二十几年超过5000万吨。90年代中国还是一个石油的净出口国而现在中国已经成了世界第二大石油进口国。原因是近20年，是中国现代化进程加快的20年，中国的石油储量与我们的人口基数相比，依然少得可怜，进入工业时代对能源和原料的需求不断增大与中国人均石油能源匮乏之间的矛盾日益凸显。油价只是你看到的最显性的一部分，事实上，在中国的石油消费中，将近80%的石油是作为工业基础原料，交通运输业每年消耗掉21%的石油，这一比例随着中国汽车保有量的增加还在不断攀升。石油，作为工业的血液，关乎中国人的衣食住行，关系到中国的现代化的进程。中国石油集团公司对我国1993年至2000年的GDP、石油进口量和价格波动进行了综合分析。结果显示，油价每上涨1%并持续一年时间，就会使我国的GDP增幅平均降低0.01个百分点。其中，1999年国际油价上涨10.38%，影响我国GDP增幅约为0.07个百分点；2000年国际油价上涨64%，影响我国GDP增幅0.7个百分点，相当于损失了600亿元左右。目前中国正处于城市化、现代化的进程中，对石油的需求仍然与日俱增，今日油价不仅深刻影响着老百姓的菜篮子、车轮子，也时刻威胁着中国经济的发展。

那么如何减轻我们的不安呢？毫无疑问，发现更多的石油和节约石油。作为普通的国民一份子，既然不能发现石油，就从我做起，节约石油吧。

多乘公交车出行 减少地球负担

看过《鼹鼠的故事》吗？那个产于20世纪五六十年代的捷克斯洛伐克的动画片。汽车加不到石油，那个胖胖的公务员只能把车推着走，后来他雇了马车来拉汽车。这幅场景深深地印在当时还是儿童的我的脑海里，以至于现在买车，节油性能成为首选。石油的储量应该可以够我们这代人所用，但是为了子孙后代，还是节约一些为好。

多乘公交车、地铁出行，不但能避开拥堵，而且节油效果相当明显。譬如"北上广"，坐地铁出行远远快于开车出行。尤其是在北京，单程两元钱，来回四元钱，这是最便宜的出行成本了。而且换乘时，爬爬楼梯，还免费进行了体育锻炼。坐地铁时，看看报纸杂志，玩玩PSP，解放出了十个手指，减少了得老年痴呆的概率。

按照在市区同样运送100名乘客计算，使用公共汽车与使用小轿车相比，道路占用长度仅为后者的1/10，油耗约为后者的1/6，排放的有害气体更可低至后者的1/16。

换一辆小排量的车

没有跑车的华而不实，没有SUV永远填不饱的油箱，低价格、低油耗、低污染，同时安全系数不断提高的小排量车才是新的时尚。还有不能不提的一点是，在停车位紧张的大都市，小巧灵活的小型车更是占尽优势。

每月少开一天车

不是口号，每月少开一天车，真的对你益处无穷啊！走走路，你会发现城市的变化。买上一个烤红薯，边走边吃，仿佛又重回大学时光。路两旁的花在朝着你微笑，生活原来如此真实。看着旁边堵在车里的人，吹声口哨，无比自豪地用脚步超过他。或者骑一辆单车，健身环保一举两得了。如果有1/3的人用骑自行车替代开车出行，那么每年将节省汽油消耗约1700万吨，相当于一家超大型石化公司全年的汽油产量。

轮胎
也绿色

中国已经在步入汽车社会，消费者买车时更多地关注发动机、变速器等关键组成，关注配置的多寡，但关注轮胎的仍然不多。其实对于一辆车来说，轮胎真的非常重要。一辆好车，要配合上适合它的轮胎，并保养得当，才能发挥出优良的性能，把你安全地送达目的地。就像"刘翔"一样，给他一双不合脚的鞋子，一定会影响他"飞"的速度。

从节能减排的角度来看，轮胎与油耗息息相关，也是一个耗油大户。由于滚动阻力的原因，轮胎所造成的燃油消耗量约占整个轿车燃油消耗量的20%，在卡车中，这一比例则提高到1/3。根据国际能源署的数据，目前全球汽车保有量8.3亿辆，其所排放的二氧化碳占全球二氧化碳总排放量的18%。世界可持续发展工商理事会则预计，到2030年，汽车排放的二氧化碳排放量将翻一番。所以节能减排是汽车的一项大挑战。

相当长的一段时间，人们认为滚动阻力与抗滑性是一对难以克服的矛盾，直到20世纪80年代初，这种观念才发生变化。借助活性阴离子聚合技术发展起来的溶液聚合丁苯橡胶，在灵活调节分子结构方面有着得天独厚的便利。20世纪80年代中期，第二代溶液聚合丁苯橡胶的问世，不但使滚动阻力比乳液聚合丁苯橡胶降低30%，抗湿滑性也提高了3%，耐磨性则提高了10%。在此基础上，研究人员深入研究分析了影响轮胎动态性能的各种因素，将胎面胶的耐磨性、低温性能、牵引性能、滚动阻力、生热等与对应的理想结构特征相关联，得出最大可能接近各项目标值的动态性能曲线，然后集理想结构之大成，设计并合成出所需要的橡胶，所以也叫集成橡胶，有人称它为第三代溶液聚合丁苯橡胶。美国20世纪90年代初已有这种橡胶问世。它是由丁二烯、异戊二烯和苯乙烯三种单体合成的，这是当代最理想的胎面用胶，用它制成的轮胎既省油又安全。

1992年，米其林的绿色"环保"轮胎产品面市。这种应用新材质和设计，减少轮胎滚动阻力，因而耗油低、废气排放少的子午线轮胎使汽车的每百公里油耗可减少0.15升。按照米其林的统计，每一秒钟，在全球各个角落滚动的米其林绿色轮胎可节省燃油消耗达43.91升/秒，帮助减少二氧化碳排放超过109.14千克。

轮胎的组成

轮胎通常由外胎、内胎、垫带三部分组成。也有不需要内胎的，其胎体内层有气密性好的橡胶层，且需配专用的轮辋。世界各国轮胎的结构，都向无内胎、子午线结构、扁平（轮胎断面高与宽的比值小）和轻量化的方向发展。外胎由胎面、胎侧、缓冲层（或带束层）、帘布层及胎圈组成。用于承受各种作用力。胎侧是轮胎侧部帘布层外层的胶层，用于保护胎体。帘布层是胎体中由并列挂胶帘子线组成的布层，是轮胎的受力骨架层，用以保证轮胎具有必要的强度及尺寸稳定性。缓冲层（或带束层）为斜交轮胎胎面与胎体之间的胶布层或胶层，用于缓冲外部冲击力，保护胎体，增进胎面与帘布层之间的黏合。胎圈是轮胎安装在轮辋上的部分，由胎圈芯和胎圈包布组成，起固定轮胎作用。轮胎的规格以外胎外径D、胎圈内径或轮辋直径d、断面宽B及扁平比（轮胎断面高H／轮胎断面宽B）等尺寸加以表示。单位一般为英寸（in）（1in=2.54cm）。汽车轮胎是橡胶与纤维材料及金属材料的复合制品，制造工艺是机械加工和化学反应的综合过程。橡胶与配合剂混炼后经压出制成胎面；帘布经压延、裁断、贴合制成帘布筒或帘布卷；钢丝经合股、包胶后成型为胎圈；然后将所有半成品在成型机上组合成胎坯，在硫化机的金属模型中，经硫化而制成轮胎成品。

轮胎的分类

轮胎常见的分类方式是按照结构划分为斜交线轮胎、子午线轮胎。子午线胎与斜交线胎的根本区别在于胎体。斜交线胎的胎体是斜线交叉的帘布层；而子午线胎的胎体是聚合物多层交叉材质，其顶层是数层由钢丝编成的钢带帘布，可减少轮胎被异物刺破的概率。

从设计上讲，斜交线轮胎有很多局限性，如由于交叉的帘线强烈摩擦，使胎体易生热，因此加速了胎纹的磨损，且其帘线布局也不能很好地提供优良的操控性和舒适性；而子午线轮胎中的钢丝带则具有较好的柔韧性以适应路面的不规则冲击，又经久耐用，它的帘布结构还意味着在汽车行驶中有比斜交线小得多的摩擦，从而获得了较长的胎纹使用寿命和较好的燃油经济性。同时子午线轮胎本身具有的特点使轮胎无内胎成为可能。无内胎轮胎有一个公认优点，即当轮胎被扎破后，不像有内胎的斜交线轮胎那样爆裂（这是非常危险的），而是使轮胎能在一段时间内保持气压，提高了汽车的行驶安全性。另外，和斜交线轮胎比，子午线轮胎还有更好的抓地性。

如何识别轮胎标记

轮胎是汽车的重要部件，在汽车轮胎上的标记有10余种，正确识别这些标记对轮胎的选配、使用、保养十分重要，对于保障行车安全和延长轮胎使用寿命具有重要意义。

轮胎规格：规格是轮胎几何参数与物理性能的标志数据。轮胎规格常用一组数字表示，前一个数字表示轮胎断面宽度，后一个数字表示轮辋直径，均以英寸为单位。中间的字母或符号"有特殊含义："x"表示高压胎；"R"、"Z"表示子午胎；"—"表示低压胎。

层级：层级是指轮胎橡胶层内帘布的公称层数，与实际帘布层数不完全一致，是轮胎强度的重要指标。层级用中文标志，如12层级；用英文标志，如"14P.R"即14层级。

帘线材料：有的轮胎单独标示，如"尼龙"（NYLON），一般标在层级之后；世有的轮胎厂家标注在规格之后，用汉语拼音的第一个字母表示，如9.00－20N、7.50－20G等，N表示尼龙、G表示钢丝、M表示棉线、R表示人造丝。

负荷及气压：一般标示最大负荷及相应气压，负荷以"千克"为单位，气压即轮胎胎压，单位为"千帕"。

轮辋规格：表示与轮胎相配用的轮辋规格。便于实际使用，如"标准轮辋5.00F"。

平衡标志：用彩色橡胶制成标记形状，印在胎侧，表示轮胎此处最轻，组装时应正对气门嘴，以保证整个轮胎的平衡性。

　　滚动方向：轮胎上的花纹对行驶中的排水防滑特别关键，所以花纹不对称的越野车轮胎常用箭头标志装配滚动方向，以保证设计的附着力、防滑等性能。如果装错，则适得其反。

　　磨损极限标志：轮胎一侧用橡胶条、块标示轮胎的磨损极限，一旦轮胎磨损达到这一标志位置应及时更换，否则会因强度不够中途爆胎。

　　生产批号：用一组数字及字母标志，表示轮胎的制造年月及数量。如"98N08B5820"表示1998年8月B组生产的第5820只轮胎。生产批号用于识别轮胎的新旧程度及存放时间。

　　商标：商标是轮胎生产厂家的标志，包括商标文字及图案，一般比较突出和醒目，易于识别。大多与生产企业厂名相连标示。

　　其他标记：如产品等级、生产许可证号及其他附属标志。可作为选用时参考资料和信息。
　　轮胎标记一般都标志得比较规范，识别清楚后就可放心选购和使用了。

　　以下是一个常见的轮胎规格表示方法：
　　例：185／70R1486H
　　185：胎面宽（毫米）
　　70：扁平比（胎高÷胎宽）
　　R：子午线结构
　　14：钢圈直径（寸）
　　86：载重指数（表示对应的最大载荷为530千克）
　　H：速度代号（表示最高安全极速是210公里／时）

正确使用轮胎的九点提示

1.各汽车制造厂对轮胎气压都有特别的规定，请遵循车辆油箱盖内侧或车门上的标示。有些轮胎在胎侧标明了最高充气压力，千万不可超出最高值。

2.轮胎平均每月会少掉0.7千克/平方厘米的气压，而且轮胎气压随温度的变化而改变，温度每升/降10℃，气压也随之升/降0.07~0.14千克/平方厘米；气压必须在轮胎冷却时测量，而且测量后务必将气门嘴帽盖好。

3.请养成经常使用气压表测量气压的习惯，不可用肉眼判断。有时气压跑掉许多，轮胎看上去却并不太瘪。每月应至少检查一次气压(包括备胎)，备胎的气压要充得相对高一些，以免日久跑掉。

4.高速公路行驶之前，一定确保气压正确；通常在高速公路行驶时，轮胎气压应提高10%。以减少因屈挠而产生的热量，从而提高行车的安全保障。

5.同一车轴上的两条轮胎应是花纹规格完全相同的，而且应该充同样的气压，否则会影响车辆行驶和操控。

6.轮胎气压不足会导致轮胎过热。低压使轮胎的接地面积不均匀，胎面或帘布层脱层、胎面沟槽及胎肩龟裂，帘线断裂，胎肩部位快速磨耗，缩短轮胎的使用寿命；增大胎唇与轮辋之间的异常摩擦，引起胎唇损伤，或者轮胎与轮辋脱离，甚至爆胎；同时会增加滚动阻力、加大油耗，而且影响车辆的操控，严重时甚至引发交通事故。

7.气压过高则使车身重量集中在胎面中心上，导致胎面中心快速磨耗。受外力冲击时，容易产生外伤甚至爆破胎面；张力过大，造成胎面脱层及胎面沟底龟裂；轮胎抓地力减小，刹车性能降低；车辆跳动，舒适性降低，车辆悬挂系统容易损坏。

8.如发现轮胎气压低于标准20%，临时补气只能是紧急情况下不得已的缓兵之计，无法从根本上解决问题，必须尽快到就近的轮胎店将轮胎拆下来，由专业人员进行检查。

9.一个小小的轮胎刺孔，如不及时处理最终会导致人员伤亡。请时常查看整个胎体是否存在钉子、铁屑、玻璃碎片、石头等硬物刺穿，或有其他撞伤，这些潜在的隐患都可能导致轮胎漏气。

第五章

黑金生存法则

Chapter 5

石油，也被称为黑金。相对黄金而言，黑金因为工业能源的特性，对人类命运的掌控更加深刻。这个刚刚"诞生"了一个世纪的能源，给整个世界带来了前所未有的剧变。从生产到生活，从经济到战争，从个人生存到国家命运，无不与石油息息相关。因为石油，"一战"和"二战"的胜利被改写；因为石油，日不落帝国难续辉煌，美国却凭借自身丰富度的储量一跃成为超级大国；因为石油，中东的荒漠变黄金，却也引发了不息的战争……石油推动了工业化、城市化、现代化，也带来了日益严峻的污染，石油是汽车、飞机、大炮的动力源，也是我们每个人每日生活必需品的八成原料。

这是一个名副其实的黑金世纪。

我们被石油控制了。

第一节 | 石油很正经（政经）

"如果你控制了石油，你就控制住了所有国家；如果你控制了粮食，你就控制了所有的人；如果你控制了货币，你就控制住了整个世界。"

——亨利·基辛格

石油作为一种商品与国家战略、全球政治和实力紧密地交织在一起，成为国家之间博弈的工具和武器

——IHS集团执行副总裁丹尼尔·耶金

1973 到底发生了什么?

1973年，震撼世界的第一次石油危机，让我们重新认识了缺油的世界：石油价格从每桶3美元飙升至10美元，美国的工厂倒闭，航班减少，车速被限，取暖用油采取配给制，星期天关闭全国加油站，禁止户外灯光广告。超级大国停止了耀眼的城市生活。

然而，1973年并不是故事的开头。

在《石油战争》一书中，作者威廉·恩道尔讲述了一个关于第一次石油危机的故事，告诉我们1973年到底发生了什么？

故事从1969年开始——

1969年，是理查德·尼克松任职美国总统的第一年。这一年年末，美国经济开始衰退。从1970年到1971年，美元不断贬值。截止到1971年年底，美国官方黄金储备不及官方负债的1/4，也就是说，如果国外所有的美元持有者都把美元兑换成黄金，华盛顿将没有能力满足这样的需求。作为应对，1971年8月15日，尼克松宣布终止美元与黄金的兑换，单方面撕毁了1944年的布雷顿森林体系的核心协定。即使这样，到1973年5月，美元的急剧贬值仍在继续。于是，84位世界顶尖级的金融界和政界人士聚集在瑞典的索尔茨约巴登——瑞典银行业名门瓦伦堡家族的一个隐秘的海岛度假胜地，参加一个名为彼尔德伯格俱乐部的聚会，商讨对策。历史证明这是一次极不寻常的会议。一场围绕石油的阴谋在这次会

议上酝酿——这就是引发全球性的石油禁运，以此来大幅度提高世界石油价格。

作为实施阴谋的第一步，美国与会者沃尔特·利维在描述了未来世界石油需求和供给的前景后预言："石油进口成本将大幅度提高，石油消费国的贸易平衡将遭遇巨大困境，欧佩克（OPEC）石油收益将出现四倍增长。"

不久，1973年10月6日，埃及、叙利亚和以色列之间爆发了"赎罪日战争"。战争并不是简单的阿拉伯国家决定对以色列发起军事打击的结果，而是华盛顿精心策划的事件。美国情报机构的报告，包括截获的阿拉伯官员之间关于确认已经开始战争集结的通信，都被压了下来。基辛格还通过以色列驻华盛顿大使有效控制了以色列的政策反应。而战争的结果——石油减产和石油禁运——也在华盛顿的算盘之中。

1973年10月16日，欧佩克宣布将油价从每桶3.01美元提升至每桶5.11美元，并宣布停止对美国和荷兰出口石油——鹿特丹一直是西欧主要的石油港口，停止对荷兰出口石油，也就意味着欧洲将失去一个重要的石油进口通道。

1974年1月1日德黑兰会议之后，第二次油价上涨开始了。这一次从5.11美元上涨了一倍多，达到11.65美元。这是伊朗国王在会议上强烈要求的结果，仅仅在几个月前，他还反对油价上涨，因为他担心这会使西方出口商提高出口到伊朗的工业设备的价格。后来，人们才知道，伊朗国王是在基辛格施加的压力下才这么做的。基辛格向伊朗国王提出的要求也是上涨四倍，与沃尔特·利维在索尔茨约巴登会议上预期的一模一样。

从1973年5月的索尔茨约巴登会议上预言未来欧佩克石油价额上涨四倍，到1974年1月，只用了不到7个月的时间，油价上涨四倍成为事实。

第一次石油危机给全世界带来了严重打击。在整个欧洲，破产和失业已经达到令人担忧的程度，特别是德国，危机带来的影响使德国基础能源价格突然暴涨400%，工业、运输业、农业遭受了毁灭性的打击，关键产业如钢铁、造船和化工都陷入了深重的危机。在欠发达国家，能源价格上涨打击了印度、巴基斯坦、苏丹、泰国和所有非洲及拉丁美洲的经济，1974年发展中国家的贸易赤字总额高达350亿美元，正好是1973年的四倍。

这就是《石油战争》所记述的1973年石油危机的真相。沙特阿拉伯前石油部部长扎基·亚马尼王子评价《石油战争》说："本书记录了1973年油价飙升的真相，这是我看到的关于此次危机的唯一一本好书。"

第一次石油危机的幕后到底发生了什么，今天的我们无从证实。你看到的未必是真相，真相是真正的危机源自国家的利益和欲望。

尼克松
1973演讲

　　2010年，在蒙特利尔加拿大建筑中心举办了题为"1973·对不起，没油了"的展览。当中，最先吸引人注意的是尼克松总统1973年11月7日在美国演讲的现场录像。尼克松总统的嘴角挂着一滴细小的汗水，他的手里拿着一沓手写的笔记，没有使用任何电子提词机。现场灯光平实得一塌糊涂，这是一次没有精心安排的总统演讲。这种场面并不多见。

　　最让人震惊的并不是这个过于平实的场面，而是尼克松总统接下来的讲话。尼克松在讲话中强烈谴责了让全世界羡慕并效仿的美国生活方式，他认为其中存在着让人不能容忍的根深蒂固的过度消费。"繁荣时期，"他说，"曾被视为奢侈品的东西……都变成了必需品。"他想知道，"多少次你驾车行驶在高速公路上，看到来来往往的无数车辆上只坐了一个人？"他还说，应该把车速限制降低到每小时50英里；他提议要学习"俄勒冈州"，实施富有前瞻性的节能政策；他警告，美国人口仅占世界总数的6%，却消耗了全球能源的30%。"有必要采取一些更加强有力的措施了。"

　　这是在1973年第一次石油危机袭来时，美国总统的演讲，这次演讲深刻地影响了当时的美国，石油的短缺让人们突然认识到，过去习惯的生活方式或许将难以为继，许多人开始思考新的生活方式，时至今日，或许我们也需要重新思考。

　　由俭入奢易，由奢入俭难。恐怕只有到危机的时候，我们才会真正意识到，那些用来维系我们生活和生命的必需品，其实少之又少，而其他的大量的非必需品不过是用来满足无止境的虚荣心。

三次石油危机对经济的影响：

第一次石油危机（1973~1974）。1973年第四次中东战争爆发，石油输出国组织为了打击以色列和支撑以色列的国家，宣布石油禁运，暂停出口，造成油价上涨。油价从3美元涨到了13美元。

影响：原油价格暴涨，引起了西方发达国家的经济衰退，据统计，美国GDP下降4.7%，欧洲下降了2.5%，日本下降了7%。

第二次石油危机（1979~1980）。由于伊朗爆发伊斯兰革命，而后又爆发了两伊战争，原油产量锐减。导致国际油价飙升。油价从15美元涨到了39美元。

影响：同样引起了发达国际的经济衰退，美国GDP下降了3%。

第三次石油危机（1990）年。海湾战争爆发，这也是一场石油战争。时任美国总统布什表示，如果世界上最大的石油储备落入萨达姆的控制中，美国人的就业机会和生活方式都将蒙受灾难。海湾石油是美国的国家利益的产物。当时油价从14美元涨到40美元。

影响：由于高油价的时间不长，仅仅3个月的时间，对世界经济的影响相对较小，仅仅致使欧美的旅游业蒙受了损失。

鹰与熊的博弈

苏联为什么解体？俄罗斯经济为什么"休克"十年？美国怎样成为超级大国？这些问题一抛出来，就能吓死一批人，闷死一批人，累死一批人。别怕，我们无意探讨政治，也实在不想分析经济，更不想揣摩军事。政治、经济、军事其实就是一场国家利益的大戏。在世界舞台上，从不乏好戏。

主角1：美国，代号白头鹰

主角2：苏联，代号北极熊

主角3：石油，代号黑金

20世纪中后期，白头鹰在百兽大战中坐收渔翁之利，积累财富，扩充实力，成为百兽中的"SUPER MAN"，而他的领地也被称作"超级大国"。与此同时，在地球的北部，体型硕大、充满力量的北极熊则潜心修为，发愤图强，依托两个五年计划，一举使领地的工业水平晋升为世界第二。而这个世界第一正是白头鹰。如果第一和第二都能安于现状，那么可能这个世界早就太平了。但是，毫无疑问这不大现实。第一，总是担心被取代；第二，永远希望能超越。于是，白头鹰和北极熊明里暗里的较量开始了。

此时的白头鹰和北极熊，都已经是位居"第一世界"的超级大国，而且在这个级别上的对手只有彼此，势均力敌：他们都有丰富的资源，土地、粮食，还有最重要的石油。

势均力敌，到最后还是分出了胜负，决定胜负的，不是别的，是石油。

白头鹰充分发挥自由翱翔的优势，上下斡旋，在北大西洋广结盟友，孤立北极熊；北极熊也不甘示弱，形成了东欧阵营。随后的较量上升到军事层面，北极熊的"核"能力让白头鹰不安，于是白头鹰发起了"星球大战计划"，北极熊毫不示弱，摆开了架势搞军备竞赛。军备竞赛愈演愈烈，白花花的银子大把大把地往里扔。

暗自得意的白头鹰此时使出了撒手锏——故意压低石油价格。石油价格，这个能源领域的经济问题最终决定了政治的成败。白头鹰之所以把宝押在石油上，原因有三：第一，北极熊的领地盛产石油；第二，北极熊的石油都藏在冻土里，挖起来很难；第三，北极熊需要用石油换钱。

现在听起来，石油的价格还是跟这场胜利没什么关系。那么，我们来算一笔罗圈账：北极熊搞军备需要大量的钱，石油能换钱，北极熊有大量的石油，所以，北极熊想把石油卖出去换钱来搞军备；但是北极熊的石油大多在广袤西伯利亚的冻土地带，冻土上开采石油成本大约在20美元/桶，而中东沙漠开采石油，成本只有5~7美元/桶。在白头鹰的操控下，世界石油当时的价格最低时5美元/桶，最高时不到20美元/桶，长期徘徊在10~15美元/桶。也就是说北极熊打一桶油花20美元，卖一桶最少亏5块。打得油越多，亏得就越多，亏本就不能卖，不卖就换不回来钱，换不回来钱还得搞军备就得怎么办，用老话说那就得"坐吃山空""入不敷出"。而1979年12月至1989年2月，旷日持久的阿富汗战争又让北极熊有点吃不消。

就在北极熊快要挺不住的时候，中东是非之地再起争端，伊拉克入侵科威特。白头鹰及其盟友发动了"沙漠风暴行动"，油价由此前15美元飙升至41.9美元。北极熊对这次行动采取了默许旁观的态度——它太需要一场使白头鹰深陷的战争来缓解自己的困境，何况战争在海湾爆发，全球石油价格急剧飙升，北极熊希望可以趁机大量出口石油换回银子，以解燃眉之急。孤注一掷的北极熊把自己仅有的一点外汇，连同借来的巨额外汇，一股脑地用在了购买开采石油的设备和建造输油设施上。

就这样，北极熊进入了一个新的圈套，海湾战争仅仅打了38天就结束了，向来好战的白头鹰并没有长驱直入趁机拿下伊拉克，反而鸣金收兵了。北极熊开采石油的设备买来了，输油设施建造了，而国际油价，在白头鹰的操纵下，又迅速回落，重新回到10~15美元/桶。

海湾战争结束7个月后，巨型北极熊倒下了，白头鹰再次成为了唯一的超级霸主！世界石油的价格开始狂涨，一直涨到今天，我们一直在抱怨。

布什倒萨，
意在石油

　　如果不是前美联储主席格林斯潘在《动荡年代：新世界里的冒险》中直言不讳地指出布什政府发动伊拉克战争的根本原因是石油，布什政府和这场战争至今恐怕依然带着面纱。把格老的话用欧阳修的名句翻译一下就是：布什"醉翁之意不在酒"，倒萨之意在石油也。

　　事实上，早在布什就职初期，2001年4月的白宫内阁会议就已做出这样的决议："由于伊拉克对石油市场可能有不安定的影响，这是美国无法接受的风险，因而军事干预是必须的。"在伊拉克战争之前，美国的《民族》杂志称："对伊拉克战争是以士兵和国民的生命、鲜血为担保的石油战争。"美国国民和历史学家一样对战争深恶痛绝，那为什么伊拉克战争还是不可避免地爆发了呢？

　　看看布什的简历，你就不难明白。布什出身在声名显赫的布什家族，其父老布什两次当选副总统，一次当选总统（布什本人则出任两届总统）。"金钱是政治的母乳"，布什家族的政治成就离不开他们家厚厚的钱袋子。布什家族的产业遍及石油、银行、军工企业乃至体育项目，请注意排在首位的产业是——没错，是石油。布什从小就浸泡在得克萨斯州石油勘探文化的氛围中，本人也曾在米德兰开过石油和天然气勘探公司。而布什政府与能源业的密切关系从"班子成员"的简历上也可见一斑：副总统切尼在进白宫前是哈利伯顿石油公司的CEO；国务卿赖斯和来自安然公司的前陆军部长托马斯·怀特、前商务部长埃文斯等都具有深厚的能源背景，也代表着能源集团的利益，这使得布什政府在考虑国际问题时不可避免地含有较多能源色彩。因此，在布什政府的黑名单上的国家（如伊拉克、伊朗、利比亚、苏丹等）无一不是重要的产油国；而布什政府曾经与俄罗斯的拥抱、驻军阿富汗、进军中亚，很重要的出发点便是石油和天然气。有人还总结了这样一个有趣的规律：只要国际石油价格一涨，布什就会出来讲话说我们需要开采国内的原油。因为美国实行石油战略储备，开采国内原油需要美国国会批准。有人推高原油价格，有人来呼吁开采国内原油，这一连串的动作的背后不免令人遐想。

非成员产油国

* 欧洲：挪威、俄罗斯和英国
* 北美洲：加拿大、墨西哥和美国
* 中东：阿曼
* 非洲：赤道几内亚
* 南美洲：巴西
* 大洋洲：澳大利亚
* 亚洲：中国、文莱、哈萨克斯坦、阿塞拜疆和东帝汶

石油单位

1吨约等于7桶，如果油质较轻（稀）则1吨约等于7.2 桶或7.3桶。美欧等国的加油站，通常用加仑做单位，我国的加油站则用升计价。

1桶＝42加仑

1加仑＝3.78543升

美制1加仑＝3.785升

英制1加仑＝4.546升

所以，1桶＝158.99升

欧佩克OPEC

中文名称：石油输出国组织
英文名称：Organization of the Petroleum Exporting Countries;
简称：OPEC 欧佩克

　　1960年9月，来自伊朗、伊拉克、科威特、沙特阿拉伯和委内瑞拉的代表在巴格达开会，决定联合起来共同对付西方石油公司，维护石油收入。9月14日，五国宣告成立石油输出国组织（Organization of Petroleum Exporting Countries——OPEC），简称"欧佩克"。随着成员的增加，欧佩克发展成为亚洲、非洲和拉丁美洲一些主要石油生产国的国际性石油组织。欧佩克总部设在维也纳。现在，欧佩克旨在通过消除有害的、不必要的价格波动，确保国际石油市场上石油价格的稳定，保证各成员国在任何情况下都能获得稳定的石油收入，并为石油消费国提供足够、经济、长期的石油供应。

第二节 | 又开火了他们在抢什么？

　　全球近100多年来的战争都是围绕着石油展开的，近100多年的战争史，其实就是一部石油战争史。

　　近100多年来的世界现代史就是一部石油竞争的历史。石油政治正在决定世界新秩序。

　　　　　　　　　　　　　　　　——威廉.恩道尔

　　一滴石油相当于我们战士的一滴鲜血。

　　　　　　　　　　　　——前法国总理克莱蒙梭

"一战"：石油决定胜负

第一次世界大战，是石油在战争中的第一次亮相。

在此之前，煤炭是世界第一能源。因为煤炭产量世界第一，借由工业革命的推动，英国展现了日不落的风采。进入了石油时代，尝到了能源的甜头的英国人开始转向对石油资源的掠夺，一度成为世界石油霸主。"一战"前夕，时任英国海军大臣的丘吉尔主张把英国皇家海军的主力舰由煤炭驱动改成了石油驱动，因为石油战舰"火力更强、速度更快、人员更少、成本更低"。没过多久，"一战"爆发，战争的结果验证了丘吉尔的英明。

1914年"一战"爆发后，意图速战速决的德国人坐着烧煤的火车，推进到了距巴黎仅40英里的马恩河。由于铁路瘫痪，措手不及的法国部队还远在后方。无奈之下，法军征用了3000多辆烧油的出租车，满载士兵冲向前线，成功挡住了德国的攻势。处在先发优势上的德军统帅始终没搞明白，这些法国人是怎么冲出来的，惶惶中就给德皇发电报说：我们已经输掉了战争。

事实上让德国人失去最后希望的，是丘吉尔用石油装备的英国舰队。尽管德国舰队更大更结实，但是英国的石油战舰却更快、更准、更狠，一举击退了德军。石油从此进入战争领域。

1913年，英国海军开始用石油取代煤炭作为动力时，时任海军上将的邱吉尔就提出了"绝不能仅仅依赖一种石油、一种工艺、一个国家和一个油田"。随着石油威力的不断显现，与丘吉尔持相同观点的人也越来越多。当这种认识与现实产生矛盾，贪婪的欲望占了上风，就会滋生"抢夺"的念头。而抢夺最好的方式就是战争。

如果说，石油决定了"一战"的胜负，那么，"二战"在很大程度上就是为了石油而战，战争的结果决定了谁能抢夺更多的石油。

1939年，德军以闪电战占领波兰。1940年春天，再次扫平挪威、法国等国家，攻击的目标及占领的首要目的就是掠夺这些国家的石油资源，增加自身的石油储备。1942年6月22日凌晨 3时，德军开始全线出击，这次的目标是苏联，其重要的战略任务是要夺取高加索，那里蕴藏了丰富的石油资源。当然，德军的目的不止于此，他们还希望由高加索打通通往中东地区的通道，占领伊朗和伊拉克，控制海湾地区丰富的石油资源，满足其战争机器的需要。

这是一场对石油"又爱又恨"的特殊的战争，在战火的掩映下，交战双方一方面急切地争夺石油资源；一方面猛烈地破坏对方的石油运输线。"争夺"是为了让自己获得可靠、充分的石油，确保机械化部队发挥威力；"破坏"则是为了摧毁敌方的石油补给，让对方的坦克、飞机陷入瘫痪。爱与恨的对象都是石油，情感的变换只取决于"立场"，然而，没有思想的石油对此无能为力。赤裸裸的战争让人们第一次深刻地意识到，威力无比的石油不过是任人宰割。

偷袭珍珠港

偷袭珍珠港是一部"二战"期间上演的"大片"。导演这部大片的是日本人，故事的起因依然是石油。

众所周知，日本本土资源匮乏，为了攫取资源，尤其是解决日本日益加剧的石油危机，日本悍然发动了太平洋战争，侵占了东南亚产油基地，从东南亚掠夺了大量的石油。显然，日本偷袭珍珠港并不是因为石油多了，胆子大了。事实恰恰相反。1941年7月26日，美国、英国与荷兰决定减少对日的90%的石油供应。切断了进口源，等于断了整个日本的后路。只剩下最后3个月石油储备的日本孤注一掷地偷袭了珍珠港。之所以说孤注一掷，是因为日本联合舰队往返珍珠港所耗费的汽油相当于日本海军平时1年的用油量。结果是日本赢了珍珠港，却输掉了整个战争。因为日军在摧毁美国太平洋舰队的同时，忘了摧毁瓦胡岛上美国太平洋舰队的450万桶燃油。最后还是美国取得了战争的胜利。

电影推介：

《珍珠港》
导演：迈克尔•贝 Michael Bay
主演：本•阿弗莱克 Ben Affleck，乔什•哈奈特Josh Hartnett
凯特•贝金赛尔Kate Beckinsale，小古巴•戈丁Cuba Gooding Jr
亚力克•鲍德温AlecBaldwin
庄•沃伊特Jon Voight，丹•艾克罗伊德Dan Aykroyd
制片：杰瑞•布鲁克海默 Jerry Bruckheimer

剧情简介：1941年12月7日，一个祥和的早晨，日军向美国在太平洋上最大的海军基地珍珠港发动突然袭击，进行了两个多小时的轰炸，致使美国太平洋舰队18艘战舰沉没或受重创，死亡、重伤和失踪人员不计其数。12月8日，罗斯福总统向日本宣战，自此美国正式加入了第二次世界大战。就是在这段宏大的历史背景下，影片讲述了两个飞行员和一个美丽的女护士之间的感情纠葛。雷夫和丹尼是一对相交多年的好友。"二战"爆发后，雷夫作为美国空军的志愿人员在英国皇家空军服役，而丹尼则被派驻扎到珍珠港的空军基地。虽然两人身处异地，但却同时爱上了战地医院里的女护士伊雯琳。就在此时，日本偷袭珍珠港事件发生了。3个彼此深爱着的人的命运与轰轰烈烈的战争密不可分地联系在了一起……

都是石油 **?**
惹的祸**?**

中东，号称世界经济的油箱。这一片曾经沉寂的荒漠，因为石油而一夜暴富，也因为石油，永无宁日。正所谓"成也石油，败也石油。"自从1901年英国投资家威廉·达西撬开中东石油开发的大门，中东这片漂浮在油海上的土地就引来了源源不断的战火。

1901年，英国投资家威廉·达西获得波斯的采油权，敲开中东石油开发的大门。

1908年，地质学家乔治·雷诺兹受达西委派，历经七年，在波斯湾发现了马斯杰德苏莱曼油田。

1913年，英国海军以石油战舰替换煤炭战舰，石油开始进入战争领域。

1914~1918年，"一战"期间，石油使战争获得了前所未有的机动性，极大改变战争面貌。

1932年，巴林发现石油，进一步鼓舞英美野心家疯狂开发中东石油的野心。
1938年，沙特和科威特相继发现石油。

1948年，以色列结束被英国托管的历史独立，阿拉伯世界联合发动对以进攻，第一次中东战争爆发。

1956年，第二次中东战争与石油：埃及总统纳赛尔收回苏伊士运河，英、法、以发起进攻，阿拉伯各国切断输油管，停止向英法供油。

1956年，第二次中东战争起因是因为埃及总统纳赛尔决定从英国人的手里收回苏伊士运河而引发，其根源在于石油。当时，英国等西欧国家经济对海湾石油严重依赖，而大部分石油都必须经苏伊士运河运输。否则须绕过非洲好望角，当时任英国首相的艾登声称："没有苏伊士运河运入的石油，英国和西欧的工业便不能保持正常运转。"所以，为了夺回运河，英法和以色列于当年10月29日出兵攻打埃及，这样第二次中东战争爆发。阿拉伯国家给予埃及坚决支持，叙利亚、黎巴嫩和约旦立即切断了输油管道，同时沙特停止向英、法供应石油。阿拉伯国家第一次使用了"石油武器"。石油供应中断给了英、法致命打击……通过这场战争，石油生产国体会到了石油武器的"威力"。

在这一背景下，60年代石油生产国在伊拉克巴格达发起成立了自己的组织——石油输出国组织(欧佩克OPEC)，这一组织在以后的国际石油市场发挥了重要作用。

1967年，第三次中东战争与石油：以色列对埃及、叙利亚、约旦发动袭击，阿拉伯国家再一次拿起"石油武器"宣布对美石油禁运。

1967年，第三次中东战争爆发后，阿拉伯国家再一次拿起了"石油武器"。战争爆发后，伊拉克、科威特、沙特等国宣布对美石油禁运。可阿拉伯人这次输掉了战争，蕴藏丰富石油的西奈半岛被以色列占领。

1973年，第四次中东战争与石油：阿拉伯国家实行石油减产、禁运和国有化，导致"二战"后最严重的全球经济危机。

1973年，第四次中东战争中，阿拉伯国家再次动用"石油武器"支援埃、叙等国。战争爆发不久，阿拉伯国家就一致决定立即实行石油减产计划，逐月减产5%。随后，阿拉伯国家纷纷对美实行石油禁运。与此同时，阿拉伯国家还大幅提高油价，各国还乘机推行石油国有化政策，将西方石油公司股份收归国有。减产、禁运和国有化三大措施导致油价飞涨，从而导致了"二战"后最严重的全球经济危机。

1979年，苏联入侵阿富汗，导致第五次石油危机，持续了十年的战争使得国际石油价格一路下跌。

1980年，两伊战争。萨达姆以试图控制两伊石油出口通道阿拉伯河为借口攻打伊朗，美国为萨达姆提供武装并支持其发动进攻，试图遏制通过革命上台并强烈反美的伊朗政权。

1980年，世界第三大产油国伊拉克和第五大产油国伊朗之间爆发长达8年的战争。伊拉克和伊朗本来就有尖锐的宗教矛盾和领土争端，但石油因素也是其中一个重要因素。70年代的高价石油为两伊积累了庞大的石油财富，随之而来的就是两国称霸海湾的野心开始急剧膨胀，接着双双大量购买军火武器。此外，伊拉克还对与其接壤的伊朗胡齐斯坦省虎视眈眈，而该省的石油储量几乎占了伊朗石油储量的90%。战争期间，双方都竭力破坏对方的石油设施，轰炸产油基地。两个产油大国间的战争引起了世界石油市场的动荡和供应紧张，欧佩克油价一度涨至34美元一桶，从而酿成了第二次世界石油危机。

1982年，第五次中东战争，以色列入侵黎巴嫩。

1990~1991年，伊拉克入侵吞并科威特与石油，联合国对伊拉克实行禁运，美国展开大规模空袭，迫使伊拉克撤兵，导致第六次石油危机。

2001年，"9·11"事件后，美国对庇护本·拉登的阿富汗塔利班政权发动大规模军事打击，阿富汗塔利班政权被推翻。

2003~2010 年，美国以萨达姆藏有违禁武器为由，发动对伊拉克战争，萨达姆政权被推翻，萨达姆被处以绞刑。

假如没有石油，中东的荒漠就是地狱；只因为有了石油，荒漠就成了天堂。

早在两千多年前，我国先哲老子就曾经说过——"祸兮福所倚，福兮祸所伏。"，《文选·贾谊〈鹏鸟赋〉》也曾道："忧喜聚门兮，吉凶同域"，这两句话用在是非不断的中东再合适不过。

福兮，祸兮，皆因石油而起。是福，是祸，公道却在人心。

图书推荐：

《1973，对不起，没油了》

2010年在蒙特利尔加拿大建筑中心举办了展览"1973，对不起，没油了"并出版了同名画册，画册中以丰富的史料图片记录了1973年第一次石油危机时期民众的生活以及包括建筑师在内的很多社会学者对新能源的探索。

《石油战争：石油政治决定世界新秩序》（作者：德国著名经济学家威廉·恩道尔）

书中描绘了国际金融集团、石油寡头以及主要西方国家围绕石油展开的地缘政治斗争的生动场景，揭示了石油和美元之间看似简单、实为深奥的内在联系，解析了石油危机、不结盟运动、马岛战争、核不扩散条约、德国统一等重大历史事件背后的真正原因，为我们展现了围绕石油而进行的，长达一个多世纪的惊心动魄的斗争历史。

《石油大博弈》(作者：【美】 丹尼尔·耶金)

这本书是对石油历史的一个全景式的扫描。既是20世纪一段波澜起伏的历史，也是一段石油发展史。这部历史的场景极其宏大——从宾夕法尼亚第一口油井的钻出，到两次大规模的世界大战，再到伊拉克对科威特的入侵和"沙漠风暴"行动，最后到2008年，作者又把锐利的眼光瞄向了全球迅速大飙升的油价……

第三节 | 不知道可能会死

能源与环保的两难选择

　　人的一生，吃掉551千克石油，穿掉290千克石油。石油是人类最伟大的发现，这种神奇的液体，成就了现代工业文明，养活了地球近一半的人口，却也让人类无数次地付出代价。石油的高价值激发了人类的贪欲，石油战争搅乱了世界和平。与此同时，石油的开采和利用也不断威胁着自然生态环境，在不断遭受污染的空气和水中、在过度捕捞的海洋中、在不断增加的温室气体和气候变化的严重后果中，人们已嗅到了危险的气息。我们赖以生存的石油与我们赖以生存的环境构成了尴尬的生命两极。

　　西班牙"威望号"航海事件

　　2002年11月13号，悬挂着巴哈马国旗的"威望"号油轮承载着7.7万吨重燃料油从拉脱维亚驶往直布罗陀海峡。在经过大西洋的比斯开湾的西班牙海域时，"威望"号遭遇8级风暴。在狂风巨浪当中，这艘已经航运了26年的油轮失去控制而搁浅。陈旧的单壳船体断裂出了一个长达35米的口子。在风浪中，失去控制的"威望"号向葡萄牙海域漂泊，所经之处形成一条宽5千米、长37千米的黑色油污带。西班牙海岸长达500多千米的海岸线铺满了燃料油，90多种海洋鱼类、贝类和珍稀动物，18种海鸟，成为"威望"号漏油的直接牺牲品，直接或间接受"威望"号污染影响的人数达3万人。

　　加里西亚本来是西班牙西北海岸著名的旅游胜地，然而短短数天，黑色黏稠的燃油浸透了海滩。事故对当地旅游、渔业造成了直接的打击，给当地生态环境造成巨大的、长久的灾难，生态环境的恢复将需要长达几十年的时间。

事情还没结束，2002年11月19号，"威望"号油轮断成两截，沉没到3520米的深海中，海底的"威望"号里还剩有约6万吨燃料油。在这样的水深之下，海水压力高达350千克，一艘已经断为两截的回船随时可能被压碎。沉入海底的"威望"号已经变成一个琢磨不透的巨大炸弹。

　　原油泄漏的前车之鉴已经提供了灾难的样本。1989年3月24日，"埃克森·瓦尔迪兹"号油轮在美国阿拉斯加州附近海域触礁，3.4万吨原油流入阿拉斯加州威廉王子湾。这一世界上最严重的原油泄漏事故之一在多年后才有了初步的灾难估计。2009年埃克森·瓦尔迪兹原油泄漏信托委员会发布报告称，事故留下了"灾难性环境后果"，造成大约28万只海鸟、2800只海獭、300只斑海豹、250只白头海雕以及22只虎鲸死亡。其实，这只是表面上所看到的情况。那些死亡后沉入海底的海鸟、海豹、海獭和鲸等远不止这些数量。保守估计，也是该报告数量的数倍到10多倍。阿拉斯加地区一度繁盛的大马哈鱼产业在1993年彻底崩溃，此后再未恢复，大马哈鱼种群数量始终保持在很低水平，这一区域栖息的小型虎鲸群体濒临灭绝。

　　墨西哥湾漏油——堪比"9·11"的灾难
　　2010年4月20日，世界石油巨头英国BP石油公司租用的"深水地平线"钻井平台发生爆炸并引发大火，钻井平台在燃烧36小时后沉入墨西哥湾。两天后，受损油井开始漏油。5月24日，由美国地质勘查局局长为首的泄漏流量计算小组给出可信的流量——该油井每天漏油3.5万桶至6万桶，漏油面积相当于牙买加的国土面积，也就是说每天有价值400多万美元的原油漂浮在海上。英国石油公司因泄漏带来的经济损失已达到12.5亿美元，同时将给美国带来显著且持续的经济损失。

　　在受污染海域的656类物种中，已造成大约28万只海鸟、数千只海獭、斑海豹、白头海雕等动物死亡。据美国国家地理杂志报道，原油泄漏将使该海域的蓝鳍金枪鱼、棕颈鹭、抹香鲸、环颈鸻、牡蛎、浮游生物、海豚、海鸥和燕鸥，受到严重的生存威胁。而西印度海牛等珍稀动物更将由此灭绝。美国总统奥巴马在接受媒体访问时指出："墨西哥湾石油泄漏灾难堪比9·11。"

　　这些触目惊心的数字，毫无疑问地再次将能源推向了环保的对立面。

　　能源与环保问题，始终是困扰人类的两难选择。矿质能源是大自然给人类的恩赐，是地球为后世发展储备的能量。煤炭、石油和天然气的发现，使人类的文明进程大幅度推进，我们今天便捷舒适的现代生活，有一半要归功于对能源的开发和利用。然而，人类在享用这些恩赐的同时，回馈给"恩人"的却是不同程度的破坏：煤炭，导致空气污染。以我国为例，空气中大部分二氧化硫，几乎全部的烟尘和一半以上的悬浮颗粒物都来自煤炭燃烧，这也是我国大气污染严重、空气质量差的根本原因。石油，在生产、运输等环节产生大量的废水、废气、废渣也严重影响了大气和土壤的质量。加之因石油安全所引发的直接性灾难，石油衍生品——塑料等产生的白色污染，使石油也脱不掉"环境杀手"的罪名。

　　不过，真要是在环保的法庭上盖棺定罪，站在被告席上的不该是煤炭，也不是石油，而是我们人类自己。注意，不是它们，是我们，我们每个人都逃不掉，因为我们每个人都享受并曾经陶醉在现代文明之中。

　　那些深海钻井平台上的石油工人为什么忍受着孤寂，是因为他们要为需要的人们开采石油；那些泄漏的油船为什么甘冒风浪在大海中漂泊最终沉没，是因为它们要为需要的人们运送石油；那些炼油厂里的技术人员为什么常年与刺鼻的气体打交道，是因为他们要为需要的人们炼制石油……这些"需要的人们"也包括"我们"。这一切行为的背后不只是商业、企业、国家的利益，市场经济的理论告诉我们，需求决定市场，追根溯源，对能源的利用归根结底是为了满足包括我们在内的所有人类（也包括我们的宠物们）日益增长的生存和生活需要。

　　我们总是惯于指责别人，而羞于面对自己的鄙小。不过，面对人类对地球环境的"集体犯罪"，你大可不必急于辩解。"物竞天择，适者生存"，人类为了生存从一开始就是"忘恩负义"的。人，吸进去的是氧气，呼出来的是二氧化碳；吃进去的是粮食，拉出来的是粪便。即便在"天人合一"的境界里，人为了活下来，也需要伐木为屋、搓麻为衣、摘果为食、钻木取火。为了解决更多的人"食不果腹""衣不蔽体""居无定所"的问题，人类不停地采摘砍伐，与此同时也渐渐学会了种植。接着，人类发现并利用了煤炭，然后是石油。人类的每一步，都建立在向大自然的索取之上，也都对大自然产生了或多或少的影响。有破有立是大自然此消彼长的生存哲学，也是我们面对今天能源和环保问题需要学习的解决之道。

　　在我们为能源破坏环境事件痛心疾首的时候，在我们以环保的名义向"石油"宣战的时候，我们必须清醒地认识到：我们需要的不是颠覆性的倒退，而是前瞻性的反思。能源和环保之间并非是你死我活的关系，我们既需要石油带来的工业文明，同时也需要对环境负责。我们每个人既然享受了石油带来的文明，当然也需要为保护环境尽力。从我们自身做起，控制过多的欲望，减少不必要的浪费，多种一棵树，少开一天车，总之一句话：珍惜石油，保护地球。

最近40年全球严重石油泄漏事件

2007年11月，装载4700吨重油的俄罗斯油轮"伏尔加石油139"号在刻赤海峡遭遇狂风，解体沉没，3000多吨重油泄漏，致出事海域遭严重污染。

2002年11月，利比里亚籍油轮"威望"号在西班牙西北部海域解体沉没，至少6.3万吨重油泄漏。法国、西班牙及葡萄牙共计数千公里海岸受污染，数万只海鸟死亡。

1999年12月，马耳他籍油轮"埃里卡"号在法国西北部海域遭遇风暴，断裂沉没，泄漏1万多吨重油，沿海400公里区域受到污染。

1996年2月，利比里亚油轮"海上女王"号在英国西部威尔士圣安角附近触礁，14.7万吨原油泄漏，超过2.5万只水鸟致死。

1992年12月，希腊油轮"爱琴海"号在西班牙西北部拉科鲁尼亚港附近触礁搁浅，后在狂风巨浪冲击下断为两截，至少6万多吨原油泄漏，污染加利西亚沿岸200公里区域。

1991年1月，海湾战争期间，伊拉克军队撤出科威特前点燃科威特境内油井，多达100万吨石油泄漏，污染沙特阿拉伯西北部沿海500公里区域。

1989年3月，美国埃克森公司"瓦尔德斯"号油轮在阿拉斯加州威廉王子湾搁浅，泄漏5万吨原油。沿海1300公里区域受到污染，当地鲑鱼和鲱鱼近于灭绝，数十家企业破产或濒临倒闭。这是美国历史上最严重的海洋污染事故。

1979年6月，墨西哥湾一处油井发生爆炸，100万吨石油流入墨西哥湾，产生大面积浮油。

1978年3月，利比里亚油轮"阿莫科•加的斯"号在法国西部布列塔尼附近海域沉没，23万吨原油泄漏，沿海400公里区域受到污染。

1967年3月，利比里亚油轮"托雷峡谷"号在英国锡利群岛附近海域沉没，12万吨原油倾入大海，浮油漂至法国海岸。

尼日利亚的
偷油贼

    2006年12月26日凌晨，尼日利亚拉各斯北部阿布勒阿巴地区又发生了一起偷盗事件。小偷在前一天夜里弄破了一根输油管，随后开始从油管中大肆偷油。当地的居民闻讯也带着各种各样的容器来到了现场，一起分享这天下突然掉下的"馅饼"。当偷油者启动一辆小船的马达企图离开迸出火花导致现场爆炸起火，约有500人在事故中丧生。警方没有逮捕任何人，因为遇难者就是肇事者。

    尼日利亚是非洲最大的产油国，经常发生因盗油引发的火灾爆炸事故。1998年，德尔塔州，当地人偷油导致输油管道爆炸，使1000多人被熊熊大火吞噬。2000年11月30日，尼日利亚经济首都拉各斯市郊一油品配送中心的输油管被不法盗油分子割开后，造成大量成品油外泄，正当附近地区的居民携带各种容器前来盛油时，输油管突然发生爆炸，漏油现场顿成一片火海，至少有60多人被大火烧死。2004年9月16日凌晨，尼日利亚首都拉各斯郊区由于盗油贼在输油管上钻孔盗油引起的输油管大爆炸，有50人当场被烧死。2005年10月17日，尼日利亚南部德尔塔州输油管道发生爆炸，60名偷油者被大火活活烧死。

    如果在"生命"和"小便宜"之间做选择，相信每个人都会毫不犹豫地选择前者。然而，当"便宜"从天而降的时候，贪婪总让人心存侥幸。上帝的确有打盹的时候，但是我们的生命仅有一次，容不得拿来侥幸。只能奉劝那些心存侥幸的人：珍惜生命，远离"偷油"。

燃烧的火炬

　　小时候，每每路过炼油厂或石油化工厂，远远地看到高高的烟囱里燃烧的熊熊火炬，总觉得异常壮美。长大了，自以为懂得了很多，再看到这些火炬，心里总是充满了鄙夷：明明缺油，还这么浪费，不愧是石油企业，自家的买卖，不烧白不烧。后来，认识了几个石油人，才终于搞清楚了这"常燃"火炬的门道。原来这"火炬"是石油化工生产中不可缺少的安全设施，其作用是将正常生产时排放的尾气及事故状态下排放的可燃气体引到高空，燃烧后排掉。在石油化工行业生产中，正常运行中工艺参数的调整，安全阀、压力控制阀的泄漏，设备切换时，开停车和故障处理时都会产生一些尾气，这些尾气的主要成分是碳氢化合物。如果不及时合理地处理这些尾气和事故排放的可燃气体，会危及到生产和生命安全。而如果不通过火炬烧掉废气，让废气直接排空，排放的毒气会给周围环境带来危害。我们看似浪费的火炬，实际上恰恰是出于安全和环保的考虑。

　　所谓"没有调查就没有发言权"，生活中我们经常会被事物的表象所误导，进而又"自以为是"地形成了误解，当误解根深蒂固的时候，就变成了"成见"，进一步影响正常的判断。防止"成见"的关键就是击碎"自以为是"，拨开表象的迷雾"求甚解"寻本质。

天然气系统漏气怎么办？

天然气漏气是非常危险的，当闻到有臭鸡蛋味或汽油味时表明有漏气的地方。此时一定要特别小心，不能动火，不能开关电门，不能吸烟或用铁器相互敲打，不能穿着带有铁打的鞋进入，不能打手机，总之防止一切火花产生。

此时，应该立即打开厨房门窗进行自然通风，以降低厨房内渗漏的天然气浓度，切记不能打开排风扇强制通风，以免电机开关和起动时产生的火花引起天然气着火。同时，用肥皂水在可能漏气的部位进行试验。试验地方若产生气泡，表明此处漏气，此时，应首先关闭进气阀门。漏气点无法自行修理时，应立即通知天然气管理部门进行修理。对天然气系统检漏决不允许使用火柴点火的方法去检查，这样做是很危险的，其后果不堪设想。

为什么汽油着火不能用水扑救?

汽油的比重比水轻，如果汽油着火用水扑救，比重大的水往下沉，轻质的汽油往上浮，浮在水面上的汽油仍会继续燃烧。并且汽油会随着水到处蔓延，扩大燃烧面积，危及其他货物和周围建(构)筑物的安全。遇到汽油着火，应立即用泡沫、二氧化碳或干粉灭火器等灭火工具灭火，严禁用水扑救。

汽车着火怎么办？

1. 当汽车发动机发生火灾时，驾驶员应迅速停车，让乘车人员打开车门自己下车，然后切断电源，取下随车灭火器，对准着火部位的火焰正面猛喷，扑灭火焰。

2. 当汽车在加油过程中发生火灾时，驾驶员不要惊慌，要立即停止加油，迅速将车开出加油站（库），用随车灭火器或加油站的灭火器以及衣服等将油箱上的火焰扑灭，如果地面有流散的燃料时，应用库区灭火器或沙土将地面火扑灭。

3. 当汽车在修理中发生火灾时，修理人员应迅速上车或钻出地沟，迅速切断电源，用灭火器或其他灭火器材扑灭火焰。

4. 当汽车被撞后发生火灾时，由于车辆零部件损坏，乘车人员伤亡比较严重，首要任务是设法救人。如果车门没有损坏，应打开车门让乘车人员逃出，以上两种方法也可同时进行。同时驾驶员可利用扩张器、切割器、千斤顶、消防斧等工具配合消防队救人灭火。

5. 当停车场发生火灾时，一般应视着火车辆位置，采取扑救措施和疏散措施。如果着火汽车在停车场中间，应在扑救火灾的同时，组织人员疏散周围停放的车辆。如果着火汽车在停车场的一边时，应在扑救火灾的同时，组织疏散与火相连的车辆。

汽车漏油怎么办？

汽车在行驶之中，油箱最容易出现故障，这时你需要一些应急的修理方法：

1. 油箱损伤。机动车在使用时，发现油箱漏油，可将漏油处擦干净，用肥皂或泡泡糖涂在漏油处，暂时堵塞。

2. 油管破裂。油管破裂时可将破裂处擦干净，涂上肥皂，用布条或胶布缠绕在油管破裂处，并用铁丝捆紧，然后再涂上一层肥皂。

3. 油管折断。油管折断时可找一根与油管直径适应的胶皮或塑料管套接。如套接不够紧密，两端再用铁丝捆紧，防止漏油。

4. 油管接头漏油。机动车使用时，如果发动机油管接头漏油，一般是油管喇叭口与油管螺母不密封所致。可用棉纱缠绕于喇叭下缘，再将油管螺母与油管接头拧紧；还可将泡泡糖或麦芽糖嚼成糊状，涂在油管螺母座口，待其干凝后起密封作用。也可将人造革或皮裤带剪成型或放入孔中砸成型，安上即可，还可用一截塑料管剪开成型安上。

与环保有关的节日

日 期	节 日 名 称	日 期	节 日 名 称
2月2日	世界湿地日	7月11日	世界人口日
3月12日	中国植树节	8月9日	世界土著居民国际日
3月21日	国际消除种族歧视日	9月16日	保护臭氧层国际日
3月22日	世界水日	9月27日	世界旅游日
3月23日	世界气象日	10月4日	国际动物日
4月的某一周	全国各地的爱鸟周	10月14日	国际减灾日
4月22日	世界地球日	10月16日	世界粮食日
5月31日	世界无烟日	10月17日	根除贫困国际日
6月4日	受侵略戕害无辜儿童国际日	10月24~30日	裁军周
6月5日	世界环境日	11月16日	国际宽容日
6月17日	世界防治荒漠化和干旱日	11月11~18日	国际科学与和平周
6月25日	中国土地日	12月29日	生物多样化国际日
6月26日	国际禁毒日		

还能活多久：
后石油时代

　　1858年夏天，在美国宾夕法尼亚州的一处原野上，人类第一次在向地下深处钻井时打出了石油，地球再次恩赐给人类新的能源财富，这股能源的洪流在此后的150多年间让整个世界发生了翻天覆地的变化。由于萃取、加工、存储和运输的廉价，石油逐渐成为人们最重要的能源方式之一，人类现代生活的每一次飞跃都与石油息息相关。

　　因为依赖，所以更害怕失去。1973年第一次石油危机爆发，石油的突然紧缺让人们内心充满了即将失去现代文明的恐惧，从那一年开始，关于石油将要耗尽的预言就再也没有间断过。

　　当下最流行的石油末日说认为：地球上的储油量还能支撑人类大约90年，一部分科学家甚至认为30多年的光景就将是末路。

　　若果真如此，阿拉伯正流行的那句新谚语——"过去我父亲骑骆驼，现在我开轿车，我儿子要驾飞机，然而，他的儿子要回到骑骆驼的日子。"——没准真的会成为现实。

　　事实果真如此吗？

　　最近的一份美国联合部队司令部撰写的《联合作战环境2010》（*Joint Operating Environment*）报告中有一节专门论述了"石油峰值论"。该报道援引联合部队司令部指挥

官詹姆斯·马蒂斯（James Mattis）的话说："2012年，石油产能过剩局面将结束，石油将供不应求;2015年，石油产量将出现下降，能源缺口将增加，油价将重新站回100美元以上;2030年，石油需求将达每天1.18亿桶，而发现新石油资源不容乐观，供给可能仅为每天1亿桶,缺口将达每1800万桶。"根据这份报告，2012即便不是世界末日，也将是石油末日的开始。

其实"石油峰值论"已经是老生常谈了，早在1953年，美国地质学家哈伯特就提出了类似的理论，专家们根据哈伯特的理论研究指出：全球石油产量将在2004年至2015年间达到顶点，进而走向衰退。

针对"石油峰值论"的争论也从没有停止过。美国第一大石油公司埃克森美孚石油公司的高级主管马克·诺兰日前援引美国地质勘探局的数据说，全球常规可开采原油超过3万亿桶，而对重油等非常规石油的开采可使全球可开采原油量增至4万亿桶，全球目前仅开采了1万亿桶原油。他的结论是，"石油末日"还很遥远。无独有偶，沙特阿拉伯阿美石油公司首席执行官阿卜杜拉·朱马在一个石油业研讨会上发言指出：全球可开采原油储量约为5.7万亿桶，目前只开采了1万亿桶，不到总储量的18%，以目前开采速度，全球的原油储量还可以开采100多年。他认为，"有关石油产量即将达到峰顶的理论站不住脚，因此大家不必对未来石油供给问题忧心忡忡。"

可靠数据表明，常规石油资源还有将近一半没有开发利用；另一方面非常规的石油资源、油气资源，还有相当的数量；同时还有远期的，碳氢水合物这样的碳氢化合物等，储藏量还是非常巨大的。地球上还有大量焦油砂、沥青和油母页岩等石油储藏，它们足以提供未来的石油来源。目前已经发现的加拿大的焦油砂和美国的油母页岩就含有相当于所有目前已知的油田的石油。而且随着科技的发展，提炼和利用石油的技术在不断提升，同样产量能够创造更大的产能。在未来，地球上大量可燃冰、油页岩将解决人类大部分燃料用油，而节约出来的部分，将主要用于满足工农业生产的需要。世界石油供应不会很快耗尽。全球范围从化石类能源向其他能源形式的逐渐过渡将在这个世纪发生。不过，这一过渡的根本原因很有可能与供应不足无关，而在很大程度上是因为人们有了更好的替代选择。有句话说，石器时代的结束并不是因为人们没有足够的石头了，虽说这话太老套，但在这里可能也适用。

2010年12月7日，德勤全球能源和资源行业小组发布的《2011年石油与天然气实情展望》报告中指出：未来25年，石油和天然气仍将为世界主要能源供给，石油和天然气将在世界经济复苏中发挥重要的作用。

好了，现在不用忧虑石油还能用多久了？即便有一天石油真的枯竭了，人类的智慧还会发现和创造新的能源。而现在，石油的未来依然很美好，当然，这并不意味着我们可以无节制地浪费。

你该知道的新能源

氢能源——一种有前途的清洁能源

氢是地球上仅次于氧的最丰富的元素，无毒。在空气中燃烧时产生少量的氮氧化合物，可近似认为只产生水蒸气，比其他燃料燃烧时造成的污染少得多，用于燃料电池的电动汽车时基本上可以实现"零排放"；单位重量的氢释放的热能约为化石燃料的三倍；热效率比常规化石燃料高10%～15%。更重要的是，氢能源是一种可再生的循环燃料，能输送、储存。

用之不尽的能源——太阳能

太阳的光和热是地球最主要的外来能源，一年中地球表面接受到太阳辐射的总能量约为$6×10^{17}$千瓦时，而且还可持续几十亿年。太阳能不仅是生命的源泉，而且地球上的风能、海洋能、生物能，甚至化石能源都是由太阳能派生出来的。作为能源的太阳能是指可以直接利用的太阳辐射能。太阳能的优点是可再生、遍布全球、使用后不留任何污染；但是其缺点是，地面上太阳辐射的能量密度低，每平方米面积上的能量不超过1340瓦，只相当于一个面积为1平方米的、供热量还不到1.5千瓦的电炉。另外，太阳能的辐射还随季节和昼夜的变化而变化。

最 "风流" 的能源——风能

太阳对地球的辐射能约有2%转变为风能。早在20世纪40年代末，世界气象组织就预计全球风能总资源量约1017千瓦时，约是水力资源的10倍，相当于10800亿吨标准煤产生的能量，约是全世界目前年能源消费量的100倍。据估计，全世界可开发利用的风能至少是10亿千瓦时，目前全世界建成的风能发电站的装机容量仅0.5亿千瓦时，约占可利用风能的5%。

蓝色的能源——海洋能

海洋中除了有丰富的动植物资源和矿物资源外，还蕴藏着巨大的可再生能源，这就是潮汐能、海流能、波浪能、海水温差能、海水浓度差能等，统称海洋能。其中波浪能、潮汐能、海流能是机械能；海水的温差能和浓度差能则是热能和化学能。虽然地球上各处的海洋都有潮汐，但各海域的地理条件不同，平潮和停潮的水位差异（叫潮差）也不同。潮差越大，所蕴藏的潮汐能量越大。全世界海洋中的潮汐能资源量约30亿千瓦，其中我国的潮汐能资源量约2.4亿千瓦，占世界资源量的8%。

生物质能

植物通过叶绿素，在太阳光的作用下将二氧化碳和水合成为碳水化合物，从而完成了将太阳能变成化学能，并将其储存在生物体内的转换过程。地球上每年通过植物的光合作用合成的储存在植物体内的化学能大约相当于全世界每年消耗的能源总量的十倍。植物体内储存的能量称为生物质能。生物质能可以通过燃烧转换为热能，燃烧产生的二氧化碳又可再次通过光合作用转换成生物质能，因此，生物质能是可再生的能源。

从现在开始:
环保低碳
N 件事儿

"珍惜石油，保护地球"，低碳其实没有那么难，从身边的小事做起，培养一种习惯，就当给生活找点全新的乐趣，并坚持下去，你会发现，坚持也是一种快乐。

● 在家里设置三个分类垃圾筐

垃圾分类的观念在中国刚刚兴起，但是在我们的邻国日本已经发挥到了极致。日本还有着严格的垃圾分类标准，不同类别的垃圾，居民在投放前要进行不同的处理。比如菜叶、鱼骨、废纸属于可燃垃圾，必须装在政府推荐的高80厘米，宽65厘米的透明、可燃、不产生有害气体的垃圾袋中。树枝也属于可燃垃圾，必须要剪成长度不超过50厘米，捆成直径不超过30厘米的形状后，进行处理。烹饪的废油也属于可燃垃圾，绝对不能直接倒进下水道，必须要浸入废纸或废布，或者用凝固剂定型后处理。而饮料瓶，必须要把瓶子和瓶盖分开处理，而且喝完的饮料瓶一定要刷洗干净，再进行瓶子和瓶盖的分开处理。还有像牛奶的纸盒饮料，用完之后，拆成纸板型，把它洗净晾干再处理……

显然我们离如此细致的垃圾分类还差得很远，常常见到小区的分类垃圾桶形同虚设，居民依然习惯于把所有的垃圾打包混搭随便丢弃在垃圾桶里。其实分类并不麻烦，只要在家里设置三个小型的分类垃圾筐，就能够轻而易举地完成这项工作了。

你可以在阳台上或者门口玄关的地方设置三个不同颜色相同材质的垃圾桶，例如一个白色，一个黄色，一个红色，将家庭垃圾攒着可回收物、不可回收物、有害物进行简单的分类。白色垃圾桶用来装可回收物品，像废纸、废塑胶、废玻璃、废金属等；黄色垃圾桶用来装不可回收物，包括灰土、菜叶、瓜果皮核等厨房余物；红色的则用来装有害物，包括电池、荧光灯管等。在家里分设三个垃圾筐，就可以在产生垃圾的同时完成垃圾分类了，而且

三个并排的垃圾桶也可以成为家居摆设中的一道小风景。

● 少买不必要的衣服

女人的衣柜里永远缺少一件衣服。没办法，这是女人的天性，当然，随着生活水平的提高，爱美的男士也很多。爱美之心人皆有之，笔者并非要剥夺大家对美的追求。不过，生活中很多人都有这样的经历：一时冲动购买的衣服，买回来就失去了吸引力，即刻被打入冷宫，有时候甚至一次都没有穿过。这样的冲动多了，柜子里的衣服满了，找衣服的时间长了，但是却似乎总也找不到满意的那一件。

要知道，服装在生产、加工和运输过程中，需要消耗大量的能源。本书中已经提到过，我们的衣服有很大一部分是以石油作为原料生产的。因此我们的衣服其实和汽车一样是"喝油"的，同时也会产生废气、废水等污染物。如果，在保证生活需要的前提下，每人每年少买一件不必要的衣服可节能约2.5千克标准煤，相应减排二氧化碳6.4千克。如果全国每年有2500万人做到这一点，就可以节能约6.25万吨标准煤，减排二氧化碳16万吨。这可是个不小的数目。

其实少买不必要的衣服，不等于剥夺了买衣服的权利，相反，还会帮你形成更精致实用的消费观。一来，减少了不必要的购衣计划，节省下来的钱攒到一块可以买更物有所值、更需要的物品；二来，因为压制了购物的冲动，会让你挑选服装的时候更加理性。久而久之，或许你会发现，虽然你的衣服数量减少了，但是你的穿衣风格越来越经典了。

所以，从现在开始，每次选购衣服的时候试着问自己三句话：1.我真的需要它吗？2.我现有的衣服里有没有能替代这一件的？3.如果我不买它会不会真的很后悔。如果三句话过后，你依然想把它收入囊中，那么再出手吧。

● 改造一件旧衣服

流行总是来得快去得也快，一年前还走在时尚风口浪尖的亮片装，今年就成了俗气的代名词；转眼间，"直筒裤"就被"铅笔裤"抢了风头……衣柜里食之无味、弃之可惜、穿之怕被骂老土的衣服不知不觉又多了几件。无论是束之高阁还是即刻扔掉都是极大的浪费，何不发挥你的想象力给旧衣服做一次整容术，改头换面从新做"衣"！

　　找一个阳光明媚的周末，整理一下你的旧衣服，准备一个小筐，装上"手术"需要的剪刀、针线、尺子和各色花边丝带，做一个周末小裁缝。

　　一条普通的牛仔裤，剪掉两条"腿"，再用小刷子把裤边梳出毛边，一条时髦的热裤就诞生了。

　　一条肥大的棉布裙，加两条细细的肩带，就从裙装变成了抹胸装，在里面套上一件纯白的T恤，吹一股田园纯情风也不错……

　　只要充分发挥你的想象力，你会为每一件旧衣服找到价值。

● 生活也要打草稿

　　有了电脑以后，很少写字，很多事记在了WORD文档上。有了手机以后，很少给家人留条儿，更多的时候是发一条短信。很多人都有这样的经历，发现自己开始提笔忘字，发现一个人静下来的时候，会突然怀念，怀念用笔在纸上写字的时光，怀念冰箱门上她/他曾留下的那张字条儿。

　　"无纸化"是一件好事，但是这并不代表着我们真正减少了纸张的浪费。办公室里一摞摞的打印纸，只用了一面就随手撕掉；永远也写不完的记事本，用了一半就躺在抽屉里。"无纸"似乎只是一个口号，一个让我们显得现代的标志。

　　用了一面的打印纸，可以翻面再用；未用完的记事本可以接着用完。

　　如果你也怀念写字的时光，那么自己动手给自己做一个记事本吧。把大大小小没用过的纸搜集起来，按照不同的尺寸整理好，重新装订，可以手绘一个简单的封面，也可以用收到的礼物里漂亮的包装纸给本子包个书皮。这一本当作草稿本，随手写下你的心情，记一本生活的账；或者现在开始练习英文，就当作你的单词练习册；这些小的，做成小便笺，绑上一支铅笔，一同挂在门口，把每天想要对她/他说的话写在上面，每天给爱一些小惊喜。

　　记得，废纸重新利用之后，还是要节约用纸，把草稿纸写满，不要只写几个字就扔掉。

策划一次 "跳蚤集市"

● 日子越过，东西越多，扔掉是极大的浪费，要知道你之砒霜，没准是他之良药。

策划一次跳蚤集市吧，把平时用不到的、不再需要的、不再喜欢的物品拿到 "集市" 上，换回更喜欢、更需要的东西，顺便也考验一下你的号召力。如果家里有小朋友，那就是一举三得了，还能给小朋友上一堂节约环保、和谐友爱的人生大课。

你可以提前在小区的论坛上发一个帖子，在小区的告示栏上发一个启示，召集一下左邻右舍，让大家先晒晒自家的 "宝贝"。提前统计好参与的家庭和人数，规划一下场地，当然还要明确一下交换或收费的规则；记得还要跟小区的物业打个招呼哦。接下来，就可以选一个风和日丽的周末在小区的空地上 "摆摊儿" 了。

当然，如果你不愿意如此大张旗鼓，那么网上有很多的置换空间，同城易物也很方便。不过，一定要注意安全，谨防上当。

准备一副只属于自己的筷子

● 现代人生活节奏加快，经常需要在外就餐。使用非一次性的筷子，总觉得不够卫生，用一次性的筷子又难免造成浪费。据统计，一棵生长了20年的大树，仅能制成4000双筷子，我国每年生产一次性筷子450亿双，要消耗近500万立方米木材，减少森林面积200万立方米。

很多年前，我们的生活没有这么便捷，上学上班都要从家里带饭，一个小小的铝饭盒，一双筷子或者一把勺子；学校和工厂里有专门负责热饭的设备，到了吃饭时候值日生把饭盒一筐筐抬回来，三三两两聚在一块儿，你给我一块肉我给你一块饼。回家的路上，总能听到哐啷哐啷的饭盒声。如今，生活方式越来越现代，把一些好的习惯也 "献" 出去了。其实准备一副只属于自己的筷子，随身带着，既卫生又方便。

随着人们环保意识的增强，随身带餐具也会成为一种新时尚。

重新拎起 "菜篮子"

● 2008年6月1日，我国实施 "限塑令"，开始有偿使用环保购物袋。数年过去了，今天，在各大超市的收银台，你依然可以看到，很多人选择塑料袋，2毛或5毛的价格被很多人忽略不计，同样忽略不计的是白色污染的危害性。

据调查，北京市生活垃圾的3%为废旧塑料包装物，每年总量约为14万吨；上海市生活垃圾的7%为废旧塑料包装物，每年总量约为19万吨。天津市每年废旧塑料包装物也超过10万吨。北京市每年废弃在环境中的塑料袋约23亿个，一次性塑料餐具约2.2亿个，废农膜约675

万平方米。人们对此戏称为"城郊一片白茫茫"。这些废旧塑料包装物散落在市区、风景旅游区、水体、道路两侧，不仅影响景观，造成"视觉污染"，而且因其难以降解对生态环境造成潜在危害。

细想想，一次性塑料袋也不过是十来年的功夫。过去家家户户买菜都是拎着菜篮子，竹编的，藤织的，圆的，方的，形形色色，结实耐用。不知道从哪天起，塑料袋一统天下了。或许就是冲着这"一次性"，生活品质提高了的中国人，觉得一次性塑料袋干净、方便，最重要的是它还"免费"。很多人买菜的时候习惯多要几个塑料袋，"再给我套个袋儿"成了很多人购物的口头禅。然而，天下没有免费的午餐，免费得来的塑料袋也成了生活中免费的垃圾。

凡事都是这样，兜一个大圈子，才知道回到原点是最好的。拒绝白色垃圾，拎起自家的菜篮子，结实耐用，最重要的是心里踏实。

环保的
24个
举手之劳

□使用节能灯。一只11W节能灯的照明效果，顶得上60W的普通灯泡，而且每分钟都比普通灯泡节电80%。如果全国使用12亿只节能灯，节约的电量相当于三峡水电站的年发电量。

□定期擦拭灯具灯管，避免污染物降低灯具的反射效率。家中主要起居生活的地方宜选用浅淡及高反光率的装修色调。

□微波炉启动时用电量大，使用时尽量掌握好时间，减少重复开关次数，做到一次启动烹调完成。

□用微波炉加工食品时，最好在食品上加层无毒塑料膜或盖上盖子，使被加工食品水分不易蒸发，食品味道好又省电。

□减少电冰箱开门次数和开门时间；如果时间允许，尽量不用微波炉解冻，可将冷冻食品预先放入冷藏室内慢慢解冻，充分利用冷冻的冷能。

□做饭时尽量使用抽油烟机上的小功率照明，关闭厨房其他光源。

□不要让电视机长时间处于待机状态，不完全切断电源。每台彩电待机状态耗电约1.2瓦/小时。

□饮水机不要一直开，闲置断电省能源。饮水机闲置时关掉电源，每台每年节电约366度。全国约4000万台饮水机，每年可节约电145亿度，减排二氧化碳1405万吨。

□空调器进风口处的过滤网要经常摘下彻底清洗。灰尘过多，会使空调用电增多。

□夏季空调的温度与外面的温度相差不超过5℃。比如外面是32℃，空调最好调在28℃。温度上升1℃，电可以减少10%。

□将空调的工作模式设定为"自动风"。自动风耗电较少，从而使空调高效率的运转。

□外出前30分钟关闭空调。如果关闭空调30分钟，室温不会有变化。所以要养成出门前30分钟切掉电源的习惯。

□用鱼缸换出来的水浇花，比其他浇花水更有营养。淘米水用来刷洗碗筷，比普通的水更干净。喝剩的茶用于擦洗门窗和家具效果也非常好。

□饭后垃圾不论大小、粗细，都应从垃圾通道清除，不要倒入厕所用水冲。

□把空调排水管加长引到一个桶内，2小时就可以接一升水。省下的水可用来浇花、洗手。

□煮面或鸡蛋时，水开一分钟就关火，再加盖焖4分钟到5分钟，不仅不会溢锅，还能节约不少燃气。

□煮饭时先将米在电饭锅内预先浸泡约20分钟，再通电加热可缩短煮熟时间。

□厨房要保持良好的通风环境，否则燃气燃烧时没有充足的氧气，特别费气。

□清洁居室时多用扫帚，实在无法清理的地方才使用吸尘器。吸尘器应经常清理储尘袋，如等它盛满时才清理，只会费时费电。

□如果马桶有足够空间，可以在马桶水箱内放置装满水的可乐瓶或者

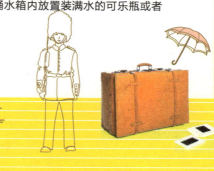

盐水瓶，占据水箱容积，减少冲洗水量。

□如果淋浴时水温未达到需要温度，放水时，可以把较凉的水先接到一个容器里，这些水可以留待他用。

□家庭人员的衣物最好集中洗涤，减少洗衣次数，从而提高水的使用效率。

□放入洗衣机中的洗涤剂要适量，过量投放导致衣物不容易漂洗干净，同时又容易浪费大量的水。

□每月手洗一次衣服。如果每月用手洗代替一次机洗，每台洗衣机每年可节能约1.4千克标准煤，相应减排二氧化碳3.6千克。如果全国1.9亿台洗衣机都因此每月少用一次，那么每年可节能约26万吨标准煤，减排二氧化碳68.4万吨。

图书在版编目（CIP）数据

油&ME——当世博邂逅石油引发的那些事儿/韩李,北时,暖阳编著.-北京:印刷工业出版社,
2011.5

ISBN 978-7-5142-0072-0

Ⅰ.油… Ⅱ.①韩… ②北… ③暖… Ⅲ.石油－普及读物 Ⅳ.TE-49

中国版本图书馆CIP数据核字(2011)第047327号

油&ME——当世博邂逅石油引发的那些事儿

编　　著：韩 李　北 时　暖 阳

责任编辑：赵英著　　　　　　　　　责任校对：郭　平
责任印制：张利君　　　　　　　　　责任设计：张　羽
出版发行：印刷工业出版社（北京市翠微路2号 邮编：100036）
网　　址：www.keyin.cn　www.pprint.cn
网　　店：//shop36885379.taobao.com
经　　销：各地新华书店
印　　刷：北京画中画印刷有限公司

开　　本：787mm×1092mm　1/32
字　　数：150千字
印　　张：6.25
印　　数：1～6000
印　　次：2011年5月第1版　2011年5月第1次印刷
定　　价：48.00元
ＩＳＢＮ：978-7-5142-0072-0

◆ 如发现印装质量问题请与我社发行部联系　发行部电话：010-88275707